YANGZHICHANG
SHIYONG
XIAODU
JISHU

养殖场
实用消毒技术

苗志国　李 凌　刘小芳　主编

化学工业出版社
·北京·

图书在版编目（CIP）数据

养殖场实用消毒技术/苗志国，李凌，刘小芳主编.
北京：化学工业出版社，2018.2
ISBN 978-7-122-31178-8

Ⅰ.①养… Ⅱ.①苗…②李…③刘… Ⅲ.①养殖场-
消毒 Ⅳ.①S954

中国版本图书馆CIP数据核字（2017）第307751号

责任编辑：邵桂林　　　　　　　　　　装帧设计：王晓宇
责任校对：边　涛

出版发行：化学工业出版社（北京市东城区青年湖南街13号
　　　　　邮政编码 100011）
印　　刷：三河市航远印刷有限公司
装　　订：三河市宇新装订厂
850mm×1168mm　1/32　印张8$\frac{3}{4}$　字数195千字
2018年3月北京第1版第1次印刷

购书咨询：010-64518888（传真：010-64519686）
售后服务：010-64518899
网　　址：http://www.cip.com.cn
凡购买本书，如有缺损质量问题，本社销售中心负责调换。

定　　价：36.00元　　　　　　　　　版权所有　违者必究

编写人员名单

主　　编　　苗志国　李　凌　刘小芳

副 主 编　　王方明　韩瑾瑾　赵静静　刘小提

编写人员　　（按姓氏笔画排序）

　　　　　　王方明（新乡市动物卫生监督所）

　　　　　　刘小芳（修武县畜产品质量安全监测中心）

　　　　　　刘小提（温县畜产品质量安全监测中心）

　　　　　　刘淑亚（汝州市畜牧局）

　　　　　　李　凌（温县动物疫病预防控制中心）

　　　　　　苗志国（河南科技学院）

　　　　　　赵雁方（滑县动物卫生监督所）

　　　　　　赵舒雅（信阳市动物疫病预防控制中心）

　　　　　　赵静静（焦作市动物卫生监督所）

　　　　　　韩瑾瑾（焦作市动物卫生监督所）

　　　　　　魏刚才（河南科技学院）

　　近年来，我国养殖业发展迅速，畜禽存栏量和畜产品产量处于世界领先地位，成为养殖大国。养殖业也成为我国农业结构中的一大支柱产业，对于调整农村产业结构、促进农村经济发展、增加农民收入和改善人们的膳食结构发挥着巨大的作用。但疾病，特别是传染病的不断发生，成为制约我国养殖业发展的"瓶颈"，给养殖业带来了巨大的损失。传染病的种类不断增多，病原体不断变异、毒力增强，细菌的耐药性产生，多重感染、继发感染和综合征病例增加，疾病控制的难度越来越大。传统的完全依赖疫苗免疫和药物防治因存在极大的局限性，不能彻底有效地控制疾病，必须采取综合防治措施（国外采取生物安全措施）。消毒是综合防治措施中最重要的一个环节，通过科学、合理、有效的消毒，切断传染病的传播途径，减少养殖场和畜禽舍病原微生物数量，就可以减少或避免传染病的发生。但由于消毒知识普及不够，如对消毒认识、消毒方法、消毒药物选择、消毒效果判断等方面的认识和应用都不到位，导致对消毒工作不够重视，消毒方面存在较多问题，直接影响到消毒效果。为了提高对消毒的认识和进行科学、有效的消毒，减少传染病的发生，我们组织有关人员编写了这本《养殖场实用消毒技术》。

本书共分7章，分别是概述、养殖场消毒的方法、养殖场常用的消毒设备设施、养殖场的常规消毒、不同养殖场的消毒要点、消毒效果的检查和评价，以及提高消毒效果的措施。本书结合我国养殖业实际情况，既注重消毒知识的介绍，又重视消毒技术的应用，具有较强的系统性和实用性。本书理论联系实际、全面系统、重点突出、操作性强，适合兽医技术人员、养殖企业技术人员和专业养殖户阅读。

由于笔者水平有限，书中难免有不妥或疏漏之处，恳请同行专家和广大读者批评指正。

编者

CONTENTS
目录

2 CHAPTER **第二章**
养殖场消毒的方法

3 CHAPTER **第三章**
养殖场常用的消毒设备设施

4 CHAPTER 第四章
养殖场的常规消毒

5 CHAPTER 第五章 Page
不同养殖场的消毒要点　142

6 CHAPTER 第六章
消毒效果的检查和评价

7 CHAPTER 第七章
提高消毒效果的措施

第一章

概述

Chapter 01

第一节　与消毒有关的几个名词

一、消毒

消毒是指用物理的、化学的和生物学的方法清除或杀灭外环境（各种物体、场所、饲料、饮水及畜禽体表皮肤、黏膜及浅表体）中病原微生物及其他有害微生物。消毒的含义包含两点：一是消毒是针对病原微生物和其他有害微生物的，并不要求清除或杀灭所有微生物；二是消毒是相对的而不是绝对的，它只要求将有害微生物的数量减少到无害程度，而并不要求把所有病原微生物全部杀灭。

二、消毒剂

消毒剂是指用于化学消毒的药品。根据其杀灭细菌的程度，可分为高效、中效和低效三类。

1.　高效消毒剂

指可杀灭一切细菌繁殖体（包括分枝杆菌）、病毒、真菌及其孢子等，对细菌芽孢也有一定杀灭作用，达到高水平消毒要求的制剂，包括含氯消毒剂、臭氧、醛类、过氧乙酸、双链季铵盐等。

2. 中效消毒剂

指可杀灭除细菌芽孢以外的分枝杆菌、真菌、病毒及细菌繁殖体等微生物，达到消毒要求的制剂，包括含碘消毒剂、醇类消毒剂、酚类消毒剂等。

3. 低效消毒剂

指不能杀灭细菌芽孢、真菌和结核杆菌，也不能杀灭如肝炎病毒等抗力强的病毒和抗力强的细菌繁殖体，仅可杀灭抵抗力比较弱的细菌繁殖体和亲脂病毒，达到消毒要求的制剂，包括苯扎溴铵等季铵盐类消毒剂、洗必泰等二胍类消毒剂，汞、银、铜等金属离子类消毒剂和中草药消毒剂。

三、灭菌

灭菌是指用物理的或化学的方法杀死物体及环境中一切活的微生物。"一切活的微生物"包括致病性微生物和非致病性微生物及其芽孢、霉菌孢子等。灭菌广泛用于制药工业、食品工业、微生物实验室及医学临床和兽医学研究等。如对手术器械、敷料、药品、注射器材、养殖业的疫源地及舍、槽、饮水设备等消毒。可杀灭一切微生物使其达到灭菌要求的制剂，如甲醛、戊二醛、环氧乙烷、过氧乙酸、过剩长氢、二氧化氯等叫灭菌剂。

四、防腐

阻止或抑制微生物（含致病性和非致病性微生物）的生长繁

殖，以防止活体组织受到感染或其他生物制品、食品、药品等发生腐败的措施均称为防腐。防腐仅能抑制微生物的生长繁殖，而并非杀灭微生物，与消毒的区别只是效力强弱的差异或抑菌、灭菌强度上的差异。一般常用的消毒剂在低浓度时就能起防腐剂的作用。

五、抗菌作用

抑菌作用（指抑制或阻碍微生物生长繁殖的作用）和杀菌作用（指能使菌体致死的作用，如某些理化因素能使菌体变形、肿大，甚至破裂、溶解，或使菌体蛋白质变性、凝固，或由于阻碍了菌体蛋白质、核酸的合成而导致微生物死亡等情况）统称为抗菌作用。

六、过滤除菌

过滤除菌是指液体或空气通过过滤作用除去其中所存在的细菌。

七、无害化

无害化是指不仅消灭病原微生物，而且要消灭它分泌排出的有生物活性的毒素，同时消除对人畜具有危害的化学物质。

第二节　消毒的种类 ▶▶▶

一、按消毒目的划分

可分为预防消毒、紧急消毒和终末消毒。

（一）预防消毒（定期消毒）

为了预防传染病的发生，对畜禽圈舍、畜禽场环境、用具、饮水等所进行的常规的、定期消毒工作，或对健康的动物群体或隐性感染的群体，在没有被发现有某种传染病或其他疫病的病原体感染或存在的情况下，对可能受到某些病原微生物或其他有害微生物污染的畜禽饲养的场所和环境物品进行的消毒，称为预防性消毒。另外，畜禽养殖场的附属部门，如兽医站，门卫，提供饮水、饲料、运输车等的部门的消毒均为预防性消毒。预防消毒是畜禽场的常规工作之一，是预防畜禽传染病的重要措施之一。

（二）紧急消毒

指在疫情发生期间，对畜禽场、圈舍、排泄物、分泌物及污染的场所和用具等及时进行的消毒。其目的是为了消灭由传染源排泄在外界环境中的病原体，切断传染途径，防止传染病的扩散蔓延，把传染病控制在最小范围。或指对当疫源地内有传染源存在时，如正流行某一传染病的猪鸡群、鸡舍或其他正在发病的动物群体及畜舍所进行的消毒，目的是及时杀灭或消除感染或发病动物排出的病原体。

（三）终末消毒

发生传染病以后，待全部病畜禽处理完毕，即当畜群痊愈或最后一只病畜禽死亡后，经过2周再没有新的病例发生，在疫区解除封锁之前，为了消灭疫区内可能残留的病原体所进行的全面彻底的消毒；或发病的猪、鸡群体因死亡、扑杀等方法清理后，对被这些发病动物所污染的环境（圈、舍、物品、工具、饮食具及周围空气等整个被传染源所污染的外环境及其分泌物或排泄物）所进行全面彻底的消毒等为终末消毒。

二、按照消毒方法划分

可分为物理消毒法、化学消毒法和生物学消毒法。

（一）物理消毒法

物理消毒法是指应用物理方法杀灭或清除病原微生物的方法。

（二）化学消毒法

化学消毒法就是利用化学药物（或消毒剂）杀灭或清除微生物的方法。

（三）生物学消毒法

生物消毒法是利用自然界中广泛存在的微生物在氧化分解污染物（如垫草、粪便等）中有机物时所产生的大量热能来杀死病原体的方法。

第三节　消毒的意义

传染病的发生给养殖业带来了巨大的损失，成为制约养殖业发展的一个"瓶颈"。传染病的流行和发生是由于病原体存在。要消灭和根除病原体，其有效的方法是消毒。消毒是兽医卫生防疫中的一项重要工作，是预防和扑灭传染病的重要措施。特别是在养殖业规模化、集约化和舍内高密度饲养的条件下，消毒工作显得更加重要，成为养殖生产过程中必不可少的环节。

一、预防和扑灭传染病

随着畜禽生产向规模化、集约化、现代化的方向发展和市场经济的推行，畜禽的饲养密度不断增大，产品市场流通范围更加广泛，种畜种禽及其产品、制品的大量引进，为疫病的发生和流行提供了条件，使得病原的种类更多，传播范围更广，滋生繁殖更快，畜禽场传染病的发生频率越来越高，传染病种类越来越多。不仅出现了许多新的病毒性传染病，而且许多细菌性传染病危害也越来越严重。要预防和扑灭传染病，单纯依赖免疫接种和药物防治就很难奏效，必须采取综合的防治措施，其中消毒应该成为最重要措施。过去传统散放饲养条件下，饲养的数量少，饲养密度低，畜禽有充足的活动空间，能够得到新鲜的空气和适宜的紫外线照射，其适应能力和抵抗能力强。饲养环境相对封闭（引种少、产品流通范围小），病原微生物不易带入，病原种类少，传染病不易传播和流行，依靠免疫接种基本可以控制传染病的发生（也不能完全控制），所以形成了重视免疫接种和药物防治的传统的疾病防治观念。但在养殖业规模化、集约化的今天，免疫接种和药物防治存在的局限性越来越明显，已直接或间接地影响到传染病的控制效果。免疫接种和药物防治的局限性见表1-1。

表1-1 免疫接种和药物防治的局限性

免疫接种	① 免疫接种产生的抗体具有特异性，只能中和某种抗原，预防某种疫病，不可能防治所有疾病 ② 有些疫病无疫苗或无高质量疫苗，不能有效免疫；毒株变异、增强，血清型多，疫苗的研制开发相对落后，直接影响到免疫接种的作用 ③ 疫苗接种产生的抗体只能有效抑制外来病原入侵，并不能完全杀死畜禽体内的病原，有些免疫畜禽向外排毒

续表

免疫接种	④ 免疫副作用。如活疫苗毒力返强；中等毒力疫苗造成免疫抑制或发病；疫苗干扰；非SPF胚制备的疫苗通常含有鸡白血病、传染性贫血、网状内皮增生症、霉形体病和鸡白痢等病原，接种后不仅会影响畜禽生产性能，更增加畜禽对多种细菌和病毒的易感性以及造成对疫苗反应抑制；免疫接种途径和方法不当可引起畜禽损伤和死亡。免疫接种会引起畜禽群应激，影响生长和生产性能 ⑤ 影响免疫接种效果的因素甚多，极易造成免疫失败，如疫苗因素（疫苗内在质量差、储运不当、选用不当）、畜禽自身因素（遗传、应激、母源抗体、健康水平、潜在感染和免疫抑制等）、技术原因（免疫程序不合理、接种途径不当、操作失误等都可造成免疫失败）
药物防治	① 许多疫病无特效药物，难以防治 ② 细菌性疾病极易产生耐药性，病原对药物不敏感，防治效果差 ③ 药物的使用能够导致产品药物残留，威胁人类健康，影响产品销售，所以依靠免疫接种和药物很难避免疫病的发生

　　从传染病的特征来看，其流行和发生必须同时具备三个相互关联的条件，即传染源、传播途径及易感动物，这三个条件统称为传染病流行的三大基本环节，当这三个条件存在并相互联系时就会造成传染病的发生，否则就不会发生传染病。科学的消毒可以杀灭或清除停留在养殖环境和畜禽体表存活的病原体，切断疫病的传播途径，使传染病流行的三大环节脱节，彻底避免传染病的流行和发生。消毒是消灭疫病源头的好办法，是畜禽养殖场疾病综合防治的最重要环节（国外推行的生物安全中消毒也是最重要一环），同时也是免疫接种和药物防治所产生缺陷的重要补充。只有重视消毒工作，才有可能控制传染病的发生和流行。

二、预防畜禽群体及个体的交叉感染

　　一般来说，病原微生物感染具有种的特异性。因此，同种间的交叉感染是传染病发生、流行的主要途径。如新城疫只能在禽类中流行，一般不会引起其他动物或人致病；而猪的某些传染病，如猪瘟、猪肺疫等仅能在猪群内流行。但也有些传染病可以在不同种群间流行，如结核病、禽流感不仅鸟类、畜类可共患，人甚至可以感染。布氏杆菌不仅可感染牛、羊，也可感染人，因此布氏杆菌病被称为人畜共患病或畜禽共患病。有些人畜共患病，如炭疽、狂犬病等不仅严重危害动物，而且严重危害人类的生命和健康。所以，防止交叉感染的发生是保证畜禽养殖业健康发展和人类健康的重要措施，而消毒是防止畜禽个体和群体间交叉感染的主要手段。通过消毒，可以杀死一些微生物污染源，避免交叉感染的发生。

三、减少抗生素的应用

使用消毒剂的好处是，消毒剂不像抗生素会有抗药性菌产生，也很少会有在畜产品中残留的问题，价格也较便宜，并且是杀灭病原体于动物体外，有事半功倍的效果。消毒后的养殖环境没有病原微生物，卫生洁净，畜禽生产性能可以较好发挥，可大幅减少抗生素的使用，是预防各种病原微生物最经济有效的方法。

四、保证食品安全

畜禽养殖业给人类提供了大量、优质的高蛋白食品，但养殖环境不卫生，病原微生物种类多、含量高，不仅能引起畜禽发生传染病，而且直接引起畜禽产品的污染，影响畜禽产品的质量，危害人的健康。如鸡场沙门氏菌严重污染时可以引起蛋品污染，人食用被污染的蛋品后容易发生肠炎。同时，污染严重的环境下饲养畜禽，对抗生素的依赖性增强，抗生素的效果也就更加明显，抗生素的使用量也大大增加，这样就会导致抗生素的大量排泄、体内残留等，严重影响畜产品安全。通过科学合理的消毒，减少病原微生物的种类和数量，可降低对抗生素的依赖和使用，避免和减少产品中微生物的存在，保证食品安全。

第四节　养殖场消毒存在的问题

一、缺乏消毒意识

"防重于治"是疾病防制的原则，疾病一旦发生造成的损失在所难免。控制疾病特别是疫病的发生，必须采取综合防制措施，即隔离卫生、消毒、免疫接种、药物防制以及增强机体抵抗力等。由于人们对于疾病防治知识的缺乏或受传统观念的影响，在疾病防制方面比较重视免疫接种和药物使用，而忽视隔离卫生和消毒工作。从控制传染病的角度来讲，免疫接种和药物防治都存在较大的局限性，而消毒属于消灭传染源和切断传播途径，有事半功倍的效果。"意识决定行动"，缺乏消毒意识，就不可能进行有效的消毒。所以许多养殖场（户）消毒设施缺乏或不配套，没有制定完善的消毒制度，消毒管理不严格，有的甚至平常就不进行消毒，有疫病发生才象征性地消毒，这些都直接影响到传染病的有效控制。

二、消毒的盲目性大

消毒工作是一项系统的、经常性的工作，而且消毒的效果又受到多种因素的影响，如果没有一个完善的制度并严格管理很难收到良好的效果。许多养殖场没有制定消毒程序，或有的制定了消毒程序，但没有落实到每一个相关人员，管理不严格，起不到应有的效果；如消毒一般分为定期预防性消毒、随时消毒和终末消毒三种情况，消毒时应该按照从上到下、先内后外等一定的顺序进行，不可杂乱无章。消毒要全面彻底，不仅对畜禽舍小环境进行消毒，也要对养殖场区和周边环境进行消毒。但有的养殖场平时不注重消毒，只在受到某种疫病威胁，或已发生疫情时，才进行消毒。有的只注意舍内小环境的消毒，而忽视平时对场区、门口、畜禽舍进出口、往来人员等大环境的消毒等。有的即使舍内消毒也只是简单喷洒一番，往往忽略了天棚、门窗、供水系统及排污沟等死角，使这些地方变成了病原菌繁殖的场所，对养殖场埋下隐患。

三、消毒操作不规范

（一）忽视化学消毒前机械性的清除工作

化学药物消毒是生产中常用的消毒方法，物理清除（实际也是一种消毒方法）在化学消毒中发挥巨大作用。因为要使消毒药物发挥作用，必须使药物接触到病原微生物。被消毒的现场会存在大量的有机物，如粪便、饲料残渣、污水等，这些有机物中藏匿有大量病原微生物。消毒药物与有机物（尤其是与蛋白质）有不同程度的亲和力，可结合成为不溶性的化合物，阻碍消毒药物作用的发挥。但生产中，人们不注重机械清除和清扫清洗，大量使用化学药品，结果不仅消毒达不到最佳效果，而且消毒药被大量的有机物所消耗，严重降低了对病原微生物的作用浓度。

（二）消毒管理不善

许多畜禽养殖场没有设计合理的消毒室、消毒池和其他消毒设施，影响到消毒工作的进行；有的畜禽场虽在生产区门口及各畜禽舍前建有消毒室和消毒池，但消毒池内没有放置消毒药液，或消毒池内的药液长期不更换，或在消毒池中放置砖石等，或人员从消毒池上跳（跨）跃过，其鞋靴实际未经消毒，达不到消毒效果。实际上人员的鞋靴携带病原微生物造成传播疫病的机会最多。消毒室内没有紫外线灯或安装不合理、灯管不亮等，使消毒室和消毒池成为摆设，致使车辆及人员进出畜禽场不能进行有效消毒。有的贪图省事，消毒池中堆放厚厚的生石灰，但实际上生石灰没有消毒作用。新出窑的生石灰是氧化钙，加入相当于生石灰重量70%～100%的水，即生成疏松的熟石灰，也即氢氧化钙，只有它离解出的氢氧根离子才具有杀菌作用。有的使用放置时间过久的熟石灰，但它已吸收了空气中的二氧化碳，成为没有氢氧根离子的碳酸钙，已完全丧失了杀菌消毒作用。有的为了节约，从市场购进"三无"假冒伪劣产品用于消毒，不仅根本起不到防疫消毒目的，反而造成更大的经济损失。还有消毒池、消毒垫中的消毒药更换间隔时间过长或不更换等。

（三）消毒药物选用不当

药物选择盲目性大，不知道如何根据消毒对象选用消毒药物。有的长期使用一种或两种消毒药物进行消毒，不定期更换，致使病原菌产生耐药性，影响了消毒效果。有的仍在使用传统季铵盐类、酚类、乙醇等对某些病毒效果不显著的消毒剂。有的将毫无消毒作用的生石灰直接撒在舍内地面上，或上面再铺一薄层垫料。有的在配制消毒药液时，任意增减浓度，配好后又放置时间过长，甚至两种药物混合或同时在同一地点使用，这样不科学、不正规的配制与使用方法，大大降低了药物的消毒效果。

四、消毒效果不检测

使用不同消毒方法、消毒药物和对不同消毒对象进行消毒等，消毒效果会有很大差别，同时，消毒操作也直接影响消毒效果。生产中，进行消毒不一定能够起到应有作用，也就是说不一定能够彻底杀灭病原微生物。应该定期对消毒效果进行检测，检查能否达到消毒效果，但生产中很少有人进行检测，进行了消毒操作就算完成消毒任务，不知道消毒效果如何，这样就可能使消毒流于形式，或只能获得心理安全。

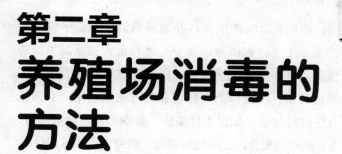

第二章
养殖场消毒的方法

Chapter 02

　　微生物种类以及所处的环境条件不同，其适应力和抵抗力存在差异，需要不同的消毒的方法。消毒方法一般有物理消毒法、化学消毒法及生物消毒法。

第一节　物理消毒法

　　物理消毒法是指应用物理方法杀灭或清除病原微生物的方法。物理消毒法包括清除、辐射等，是简便经济而较常用的一种消毒方法，常用于养殖场的场地、设备、卫生防疫器具和用具的消毒。

一、清除消毒

　　通过清扫、冲洗、洗擦和通风换气等手段达到清除病原体的目的，是最常用的一种消毒方法，也是日常的卫生工作之一。

　　畜牧场的场地、畜禽舍、设备用具上存在有大量的污物和尘埃，含有大量的病原微生物。用清扫、铲刮、冲洗等机械方法清除降尘、污物及沾染在墙壁、地面以及设备上的粪尿、残余的饲料、废物、垃圾等，可除掉70%的病原，并为药物消毒创造条件。必要时舍内外的表层土也一起清除，减少场地和畜舍病原微生物的数量。但机械清除并不能杀灭病原体，所以此法只能作为消毒工作中的一个辅助环节，不能作为一种可靠的方法来利用，必须结合其他消毒方法同时使用。如发生传染病，特别是烈性传染病时，需与其他消毒方法共同配合，先用药物消毒，然后再用机械清除。

使用高压水枪等将畜禽舍的污染物冲洗干净，可以减少舍内病原微生物，同时可以提高化学药物消毒的效果。

通风换气也是清除消毒的一种。由于畜禽的活动、咳嗽、鸣叫及饲养管理过程（如清扫地面、分发饲料及通风除臭等机械设备运行）导致舍内空气含有大量的尘埃、水气，微生物容易附着，特别是疫情发生时，尤其是经呼吸道传染的疾病发生时，空气中病原微生物的含量会更高。所以适当通风，借助通风经常地排出污秽气体和水气，特别是在冬、春季，可在短时间内迅速降低舍内病原微生物的数量；加快舍内水分蒸发，保持干燥，可使除芽孢、虫卵以外的病原失活，起到消毒作用。但排出的污浊空气容易污染场区和其他畜舍，为减少或避免这种污染，最好采用纵向通风系统，风机安装在排污道一侧，畜禽舍之间保持40～50米的卫生间距。

【注意】有条件的畜禽场，可以在通风口安装过滤器，过滤空气中的微粒和杀灭空气中微生物，把经过过滤的舍外空气送入舍内，有利于舍内空气的新鲜洁净。

空气过滤除菌是以物理阻留的方法去除空气介质中的微生物。采用定期灭菌的干燥介质来阻截流过的空气中所含的微生物，从而制得无菌空气。常用的过滤介质有棉花、活性炭、玻璃纤维、有机合成纤维、有机和无机烧结材料等。利用空气洁净器（由预过滤器、复合过滤器、活性炭膜、静电场及负离子发生器等组成）在20℃、相对湿度60％的条件下，作用30分钟，对空气中金黄色葡萄球菌和枯草杆菌黑色变种芽孢的消除率分别为99.99％与99.93％，作用60分钟时均达100％。

　　使用电除尘器来净化畜舍空气中的尘埃和微生物，效果更好。据在产蛋鸡舍中的试验：当气流速度$V=2.2$米/秒和$V=1.0$米/秒时，每小时通过电除尘器的空气容积为2200米^3，测定过滤前后空气中的微粒和微生物的数量，结果见表2-1、表2-2。由表可知，采用除尘器后，空气中微粒的净化率平均达到87.3％（$V=2.2$米/秒）和94.8％（$V=1.0$米/秒），微生物的净化率平均为81.7％。

表2-1　过滤前后空气中的微粒的数量

气流速度 /（米/秒）	除尘前微粒含量 /（毫克/米^3）	除尘后微粒含量 /（毫克/米^3）	净化率/%
$V=2.2$	10.8	1.10	89.8
	5.6	0.62	89
	3.6	0.50	86.1
	1.5	0.25	83.3
$V=1.0$	3.87	0.08	98
	2.8	0.25	93
	1.03	0.08	92

表2-2　除尘净化前后的禽舍内空气中微生物数量

除尘净化前/（百万单位/米^3）	除尘净化后/（百万单位/米^3）	净化率/%
104100±2500	25500±970	79.5
112800±3200	22900±890	83.9
121500±2400	22050±090	82.0

二、辐射消毒

辐射消毒和灭菌主要分为两类：一类是紫外线消毒，另一类是电离辐射消毒。

（一）紫外线消毒

紫外线消毒是一种最经济方便的方法。将消毒的物品放在日光下曝晒或放在人工紫外线灯下，利用紫外线、灼热以及干燥等作用使疫原微生物灭活而达到消毒的目的。此法较适用于畜禽圈舍的垫草、用具、进出的人员等的消毒，对被污染的土壤、牧场、场地表层的消毒均具有重要意义。

1. 紫外线作用机理

紫外线是一种肉眼看不见的辐射线，可划分为三个波段：UV—A（长波段），波长320～400纳米；UV—B（中波段），波长280～320纳米；UV—C（短波段），波长100～280纳米。强大的杀菌作用由短波段UV—C提供。由于100～280微米具有较高的光子能量，当它照射微生物时，就能穿透微生物的细胞膜和细胞核，破坏其DNA的分子键，使其失去复制能力或失去活性而死亡。空气中的氧在紫外线的作用下可产生部分臭氧（O_3），当O_3的浓度达到10～15毫升/立方米时也有一定的杀菌作用。

紫外线可以杀灭各种微生物，包括细菌、真菌、病毒和立克次体等。一般说来，革兰氏阴性菌对紫外线最敏感，其次为革兰氏阳性球菌，细菌芽孢和真菌孢子抵抗力最强。病毒也可被紫外线灭活，其抵抗力介于细菌繁殖体与芽孢之间。Russl综合了一些研究者的工作，将微生物分为对紫外线高度抗性、中度抗性和低度抗性三类。

一般常用的灭菌消毒紫外灯是低压汞气灯，在 C 波段的 253.7 纳米处有一强线谱，用石英制成灯管，两端各有一对钨丝自燃氧化电极，电极上镀有钡和锶的碳酸盐，管内有少量的汞和氩气。紫外灯开启时，电极放出电子，冲击汞气分子，从而放出大量波长 253.7 纳米的紫外线。

2. 紫外线消毒的应用

（1）**对空气的消毒**　紫外线灯的安装有两种方式。固定式，用于房间（禽、畜的笼、舍和超净工作台）消毒。将紫外线灯吊装在天花板或墙壁上，离地面 2.5 米左右，灯管安装金属反光板，使紫外线照射时与水平面成 30 ～ 80 度角。这样使全部空气受到紫外线照射，而当上下层空气对流产生时，整个空气都会受到消毒。通常每 6 ～ 15 米^3 空间用 1 只 15 瓦紫外线灯。在直接照射时，普通地面照射以 3.3 瓦/米^2 电能。例如，9 米^2 地面需 1 支 30 瓦紫外线灯，如果是超净工作台，以每平方米 5 ～ 8 瓦电能。移动式，主要应用于传染病病房的空气消毒，畜禽养殖场较少应用。在建筑物的出入口安装带有反光罩的紫外线灯，可在出入口形成一道紫外线的屏障。一个出入口安装 5 支 20 瓦紫外线灯管，这种装置可用于烈性菌实验室的防护，空气经过这一屏幕，细菌数量减少 90% 以上。

（2）**对水的消毒**　紫外线在水中的穿透力，随深度的增加而降低，但受水中杂质的影响，杂质越多紫外线的穿透力越差。常用的装置：直流式紫外线水液消毒器，使用 30 瓦灯管每小时可处理 2000 升水；一套管式紫外线水液消毒器，每小时可生产 10000 升灭菌水。

（3）**对污染表面的消毒**　紫外线对固体物质的穿透力和可见

光一样，不能穿透固体物体，只能对固体物质的表面进行消毒。照射时，灯管距离污染表面不宜超过1米，所需时间30分钟左右，消毒有效区为灯管周围1.5～2米。

3. 影响紫外灯辐射强度和灭菌效果的因素

紫外灯辐射强度和灭菌效果受多种因素的影响。常见的影响因素主要有电压、温度、湿度、距离、角度、空气含尘率、紫外灯的质量、照射时间和微生物数量等。

（1）**电压对紫外灯辐射强度的影响**　国产紫外灯的标准电压为220伏。电压不足，紫外灯的辐射强度大大降低。陈宋义等研究电压对紫外灯辐射强度的影响，结果当电压180伏时，其辐射强度只有标准电压的一半。

（2）**温度对紫外灯辐射强度的影响**　温度在10～30℃时，紫外灯辐射强度变化不大。温度低于10℃，则辐射强度显著下降。陈宋义等的研究结果，其他条件不变，0℃时辐射强度只有10℃时的70%，只有30℃时的60%。

（3）**湿度对紫外灯辐射强度的影响**　相对湿度不超过50%，对紫外灯辐射强度的影响不大。随着室内相对湿度的增加，紫外灯辐射强度呈下降的趋势。当相对湿度达到80%～90%时，紫外灯辐射强度和杀菌效果降低30%～40%。

（4）**距离对紫外灯辐射强度的影响**　受照物与紫外灯的距离越远，辐射强度越低。30瓦石英紫外灯距离与辐射强度的关系见表2-3。

（5）**角度对紫外灯辐射强度的影响**　紫外灯辐射强度与投射角也有很大的关系。直射光线的辐射强度远大于散射光线（图2-1）。

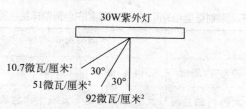

图2-1　紫外灯照射角度对辐射强度的影响

（6）紫外灯质量及型号对辐射强度的影响　紫外灯用久后即衰老，影响辐射强度。一般寿命为4000小时左右。使用1年后，紫外灯的辐射强度会下降10%～20%。因此，紫外灯使用2～3年后应及时更新。

表2-3　距离与紫外灯辐射强度的关系

距离/厘米	辐射强度/（微瓦/厘米^2）
10	1290±3.62
20	930±3.65
40	300±4.05
60	175±4.08
80	125±4.37
90	105±4.07
100	92±1.49

（7）空气含尘率对紫外灯灭菌效果的影响　灰尘中的微生物比水滴中的微生物对紫外线的耐受力高。空气含尘率越高，紫外灯灭菌效果越差。每立方厘米空气中含有800～900个微粒时，可降低灭菌率20%～30%。

（8）照射时间对紫外灯灭菌效果的影响　每种微生物都有其特定的紫外线照射下的死亡剂量阈值。杀菌剂量（K）是辐射强度（I）和照射时间（t）的乘积。照射时间越长，灭菌的效果越好。不同照射强度和时间对大肠杆菌和白色葡萄球菌杀菌率的影响结果见表2-4。

表2-4　不同照射强度和时间对大肠杆菌和白色葡萄球菌杀菌率的影响　单位：%

时间 /分钟	照射强度							
	40 微瓦/厘米²		80 微瓦/厘米²		100 微瓦/厘米²		200 微瓦/厘米²	
	大肠杆菌	白色葡萄球菌	大肠杆菌	白色葡萄球菌	大肠杆菌	白色葡萄球菌	大肠杆菌	白色葡萄球菌
10	0	0	4.62	8.09	20.95	15.13	92.25	94.44
20	0	0	14.96	13.15	26.67	41.18	98.03	96.15
30	3.55	8.00	30.77	15.19	44.76	50.42	98.43	100.00
40	5.81	11.20	38.16	36.25	52.38	58.82	100.00	100.00
50	14.19	15.60	61.53	40.16	63.81	62.18	100.00	100.00
60	22.58	22.40	78.46	45.16	82.86	68.07	100.00	100.00

4. 养殖场紫外灯的合理使用

上述可见，影响紫外灯消毒效果的因素是多方面的。养殖场应该根据各自不同的情况，因地制宜，因时制宜，合理配置、安装和使用紫外灯，才能达到灭菌消毒的效果。

（1）紫外灯的配置和安装　养殖场入口消毒室宜按照不低于1瓦/米³配置相应功率的紫外灯。例如，消毒室面积25米²，高度为2.5米，其空间为37.5米³，则宜配置40瓦紫外灯1支，或20瓦紫外灯2支，最好是配置20瓦紫外灯2支。

紫外灯安装的高度应距天棚有一定的距离，使被照物与紫外灯之间的直线距离在1米左右。有的将紫外灯安装紧贴天棚，有的将紫外灯安装在墙角，这些都影响紫外灯的辐射强度和消毒效果。如果整个房间只需安装1支紫外灯即可满足要求的功率，则紫外灯应吊装在房间的正中央，与天棚有一定的距离。如果房间需配置2支紫外灯，则2支紫外灯最好互相垂直安装。

（2）**紫外灯的照射时间**　紫外灯的照射时间应根据气温、空气湿度、环境的洁净情况等来决定。一般的情况下，养殖场入口消毒室如按照1瓦/米^{3}配置紫外灯，其照射的时间应不少于30分钟。如果配置紫外灯的功率大于1瓦/米^3，则照射的时间可适当缩短，但不能低于20分钟。

（3）**照射时间与照射强度的选择**　在欲达到相同照射剂量的情况下，高强度照射比延长时间的低强度照射，灭菌效果要好。例如，要使空气中大肠杆菌的灭菌率达到80%，配置100微瓦/厘米^{2}照射强度时，需60分钟；而配置150微瓦/厘米^{2}照射强度时，需30分钟；配置200微瓦/厘米^{2}照射强度时，则只需不到10分钟。

（4）**其他注意事项**　为保持电压的稳定，在电压不稳定的地区，应使用稳压器；保持消毒室的环境卫生，保持干燥，尽量减少灰尘和微生物的数量。对新购买的紫外灯应进行检测，新灯管的照射强度应在100～200微瓦/厘米^2。但对于绝大多数养殖场，不可能进行检测。因此只能尽量购买能确保产品质量、知名厂家的产品，看清说明书，是否达到强度标准；紫外线不能穿透不透明物体和普通玻璃，因此，受照物应在紫外灯的直射光线下，衣物等应尽量展开；紫外灯管应经常擦拭，保持清洁，否则也影响消毒效果。

紫外线能有效地杀灭微生物，但过多照射对人体也是有害的。同时，对于人员严格照射时间，在有些情况下也很难做到。因此，从实际出发，制定严格的畜禽场入口人员进入的消毒程序。一般程序如图2-2和图2-3所示。

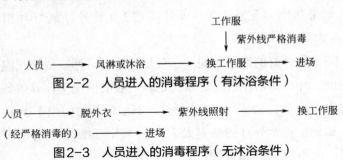

图2-2　人员进入的消毒程序（有沐浴条件）

图2-3　人员进入的消毒程序（无沐浴条件）

　　目前紫外线照射消毒作为养殖场入口消毒比较常用。养殖场入口消毒又非常重要，所以有关部门和科研单位应就消毒室的设计，紫外灯的配置、安装乃至型号和生产厂家的选择，消毒的程序，不同季节的照射时间等开展调查研究，制定相应的规范，并加强技术培训，必将对养殖场的防疫和安全生产发挥重要的作用。

（二）电离辐射消毒

　　利用γ射线、伦琴射线或电子辐射穿透物品，杀死其中的微生物的低温灭菌方法，统称为电离辐射。电离辐射是低温灭菌，不发生热交换、压力差别和扩散层干扰，所以，适用于怕热的灭菌物品，具有优于化学消毒、热力消毒等其他消毒灭菌方法的许多优点，也是在医疗、制药、卫生、食品、养殖业应用广泛的消毒灭菌方法。因此，早在20世纪50年代国外就开始应用，我国起步较晚，但随着国民经济的发展和科学技术的进步，电离辐射灭菌技术在我国制药、食品、医疗器械及海关检验等各领域广泛应用，并将越来越受到各行各业的重视，特别是在养殖业的饲料消毒灭菌和肉蛋成品的消毒灭菌中应用日益广泛。

三、等离子体消毒

所谓等离子体（Plasma)是指高度电离的气体云，是气体在加热或强电磁场作用下电离而产生的，主要由电子、离子、原子、分子、活性自由基及射线等组成。等离子体的杀菌作用主要是在脉冲高压作用下，空气被激发产生带电粒子，带电粒子在电场中加速获得能量，与气体原子碰撞发生能量交换，从而使气体电离，即等离子体空气中的微尘、气溶胶以及附着微生物在电磁场力作用下被吸引、集结、分解，等离子体的紫外光子、高能粒子、活性自由基等活性物质与细菌体内蛋白质和核酸发生反应，致细菌死亡。而氧化性气体等离子体，能摧毁广谱微生物，包括革兰氏阴性和阳性菌、无性细菌、分枝细菌、酵母菌、真菌、亲脂性和亲水性病毒以及嗜氧和厌氧细菌孢子。等离子消毒机属贵重设备，管理机制还有待完善，没有规范标准的等离子低温灭菌操作规程、标准不统一且没有专人操作，造成了使用和管理上的困难。

四、光催化消毒

光催化消毒方法是近年来才发展起来的新技术，是在紫外线的照射下，利用光触媒所产生的具有强氧化性的羟氧自由基等活性成分来进行杀菌，使细菌和病毒的细胞壁和细胞膜被氧化分裂，使酶失活，干扰蛋白质的合成，强氧化力还可破坏DNA的双螺旋结构，从而紊乱细胞代谢。同时还可以将室内环境空气中的化学结构复杂的有毒有害气体氧化还原、电解溶析、催化分解成化学结构简单、可分离的无毒无害气体。由于光腐性和化学腐蚀的原因，以纳米二氧化钛作为光触媒使用最广泛。如果金属银加二氧化钛，以UV-A作为激发光源，能够有效地提高光催化效率，可以对活细菌芽孢有效地消杀。

五、电化学法消毒

臭氧消毒灯在电流的作用下，将空气中氧气分解产生原子氧（[O]）及臭氧（O_3），均具有较强的杀菌力和穿透性，同时反应后很短时间内自动重新生成氧气而不会造成污染。该方法正得到越来越广泛的应用。

六、高温消毒和灭菌

高温对微生物有明显的致死作用。所以，应用高温进行灭菌是比较确实可靠而且也是常用的物理方法。高温可以灭活包括细菌及繁殖体、真菌、病毒和抵抗力最强的细菌芽孢在内的一切微生物。

（一）高温消毒或灭菌的机制

高温杀灭微生物的基本机制是通过破坏微生物蛋白质、核酸的活性导致微生物的死亡。蛋白质构成微生物的结构蛋白和功能蛋白。结构蛋白主要包括构成微生物细胞壁、细胞膜和细胞浆内含物等。功能蛋白构成细菌的酶类。湿热对细菌蛋白质的破坏机制是通过使蛋白质分子运动加速，互相撞击，致使肽链连接的副键断裂，使其分子由有规律的紧密结构变为无秩序的散漫结构，大量的疏水基暴露于分子表面，并互相结合成为较大的聚合体而凝固、沉淀。干热灭菌主要通过热对细菌细胞蛋白质进行氧化作用，而不是蛋白质的凝固。因为干燥的蛋白质加热到100℃也不会凝固。细菌在高温下死亡加速是由于氧化速率增加的缘故。无论是干热还是湿热对细菌和病毒的核酸均有破坏作用，加热可使RNA单链的磷酸二酯键断裂；而单股DNA的灭活是通过脱嘌呤。实验证明，单股RNA对热的敏感性高于单股DNA对热的敏感性。但都随温度的升高而灭活速率加快。

（二）高温消毒和灭菌的常用方法

高温消毒和灭菌方法主要分为干热和湿热消毒灭菌。

1. 干热消毒灭菌法

（1）**灼烧或焚烧消毒法**　灼烧是指直接用火焰灭菌，适用于笼具、地面、墙壁以及兽医站使用的接种针、剪、刀、接种环等不怕热的金属器材，可立即杀死全部微生物。在没有其他灭菌方法的情况下，对剖检器械也可灼烧灭菌。接种针、环、棒以及剖检器械等体积较小的物品可直接在酒精灯火焰上或点燃的酒精棉球火焰上直接灼烧，笼具、地面、墙壁的灼烧必须借助火焰消毒器进行。

焚烧主要是对病畜尸体、垃圾以及污染的杂草、地面和不可利用的物品器材采用的办法，点燃或在焚烧炉内烧毁，从而消灭传染源。体积较小、易燃的杂物等可直接点燃，体积较大、不易燃烧的病死畜禽尸体、污染的垃圾和粪便等可泼上汽油后直接点燃，也可在焚烧炉或架在易燃的物品上焚烧。焚烧处理是最为彻底的消毒方法。

（2）**热空气灭菌法**　即在干燥的情况下，利用热空气灭菌的方法。此法适用于干燥的玻璃器皿（如烧杯、烧瓶、吸管、试管、离心管、培养皿、玻璃注射器）、针头、滑石粉、凡士林及液体石蜡等的灭菌。在干热的情况下，由于热的穿透力较低，灭菌时间较湿热法长。干热灭菌时，一般细菌的繁殖体在100℃经1.5小时才能杀死，芽孢则需在140℃经3小时才能被杀死。真菌的孢子在100～115℃经1.5小时才能杀死。干热灭菌法是在特别的电热干烤箱内进行的。灭菌时，将待灭菌的物品放入烘烤箱内，使温度逐渐上升到160℃维持2小时，可以杀死全部细菌及其芽孢。干热灭菌时注意以下几个方面。

① 不同物品器具干热灭菌的温度和时间不同，见表2-5。

表2-5　不同物品器具干热灭菌的温度和时间

物品类别	温度/℃	时间/分钟
金属器材（刀、剪、镊、麻醉钳）	150	60
注射油剂、口服油剂（甘油、石蜡等）	150	120
凡士林、粉剂	160	60
玻璃器材（试管、吸管、注射器、量筒、量杯等）	160	60
装在金属筒内的玻璃器材	160	120

② 消毒灭菌器械应洗净后再放入电烤箱内，以防附着在器械上面的污物炭化。玻璃器材灭菌前洗净并应干燥，勿与烤箱底壁直接接触，灭菌结束后，应待烤箱温度降至40℃以下再打开烤箱，以防灭菌器具炸裂。

③ 物品包装不宜过大，干烤物品体积不能超过烤箱容积的2/3，物品之间应留有空隙，有利于热空气流通。粉剂和油剂不宜太厚（小于1.3厘米），有利于热的穿透。

④ 棉织品、合成纤维、塑料制品、橡胶制品、导热差的物品及其他在高温下易损坏的物品，不可用干烤灭菌。灭菌过程中，高温下不得中途打开烤箱，以免引燃灭菌物品。

⑤ 灭菌时间计算应从温度达到要求时算起。

2. 湿热消毒灭菌法

湿热消毒灭菌法是灭菌效力较强的消毒方法，应用较为广泛。常用的有如下几种。

（1）**煮沸消毒**　利用沸水的高温作用杀灭病原体，是使用较早的消毒方法之一，方法简单、方便、安全、经济、实用、效果可靠，常用于针头、金属器械、工作服、帽等物品的消毒。煮沸消毒温度接近100℃，10～20分钟可以杀死所有细菌的繁殖体，若在水中加入5%～10%的肥皂或1%的碳酸钠，使溶液中pH值偏碱性，物品上的污物易于溶解，同时还可提高沸点，增强杀菌力。水中若加入2%～5%的石炭酸，能增强消毒效果，经15分钟的煮沸可杀死炭疽杆菌的芽孢。应用本法消毒时，要掌握消毒时间，一般以水沸腾时算起，煮沸20分钟左右，对于寄生虫性病原体，消毒时间应加长。

（2）**流通蒸气消毒**　又称常压蒸汽消毒，此法是利用蒸笼或流通蒸汽灭菌器进行消毒灭菌。一般在100℃加热30分钟，可杀死细菌的繁殖体，但不能杀死芽孢和霉菌孢子，因此常在100℃经30分钟灭菌后，将消毒物品置于室温下，待其芽孢萌发，第2天、第3天再用同样的方法进行处理和消毒。这样连续3天3次处理，即可保证杀死全部细菌及其芽孢。这种连续流通蒸汽灭菌的方法，称为间歇灭菌法。此消毒方法常用于易被高温破坏的物品（如鸡蛋培养基、血清培养基、牛乳培养基、糖培养基等）的灭菌。若为了不破坏血清等，还可用较低一点温度（如70℃）加热1小时，连续6次，也可达到灭菌的目的。

（3）**巴氏消毒法**　此法常用于啤酒、葡萄酒、鲜牛奶等食品的消毒以及血清、疫苗的消毒，主要是消毒怕高温的物品。温度一般控制在61～80℃。根据消毒物品性质确定消毒温度，牛奶62.8～65.6℃，血清56℃，疫苗56～60℃。牛奶消毒，有低温长时间巴氏消毒法（61～63℃，加热30分钟），高温短时间巴氏消毒法（71～72℃加热15秒钟），然后迅速冷却至10℃左右。这可使牛奶中细菌总数减少90%以上，并杀死其中大部分病原菌。

（4）高压蒸汽灭菌 通常情况下，1个大气压下水的沸点是100℃，当超过1个大气压时，则水的沸点超过100℃，压力越大，水的沸点越高。高压灭菌就是根据这一原理，在一个密封的金属容器内，通过加热来增加蒸汽压力提高水蒸气温度，达到短时间灭菌的效果。

高压蒸汽灭菌具有灭菌速度快、效果可靠的特点，常用于玻璃器皿、纱布、金属器械、培养基、橡胶制品、生理盐水、缓冲液、针具等消毒灭菌。高压蒸汽灭菌应注意以下几个方面。

① 排净灭菌器内冷空气，排气不充分易导致灭菌失败。一般当压力升致0.35 ~ 0.7千克/厘米^{2}时，缓缓打开气门，排出灭菌器中的冷空气，然后再关闭其门，使灭菌器内的压力再度上升。

② 合理计算灭菌时间，要从压力升到所需压力时计算。

③ 消毒物品的包装和容器要合适，不要过大、过紧，否则不利于空气穿透。

④ 注意安全操作，检查各部件是否灵敏，控制加热速度，防止空气超高热。

（三）影响高温消毒和灭菌的因素

1. 微生物

（1）微生物的类型 由于不同的微生物具有不同的生物学与理化特性，故不同的微生物对热的抵抗力不同，如嗜热菌由于长期生活在较高的温度条件下，故其对高温的抵抗力较强；无芽孢细菌、真菌和细菌的繁殖体以及病毒对高温抵抗力较弱，一般在60 ~ 70℃下短时间内即可死亡。细菌的芽孢和真菌的孢子均比其繁殖体耐高温，细菌芽孢常常可耐受较长时间的煮沸，如肉毒梭菌孢子能耐受6小时的煮沸，破伤风杆菌芽孢能耐受3小时的煮沸。

（2）细菌的菌龄及发育时的温度　在对数生长期的细菌对热的抵抗力相对较小，老龄菌的抵抗力较大。一般在最适温度下形成的芽孢比其在最高或最低温度下产生的芽孢抵抗高温的能力要大。如肉毒梭菌在24～37℃范围内，随着培养温度的升高，其芽孢对热的抵抗力逐渐加强，但在41℃时所形成的芽孢对热的抵抗力较37℃时形成的芽孢的抵抗力低。

（3）细菌的浓度　细菌和芽孢在加热时，并不是在同一时间内全部被杀灭，一般来说，细菌的浓度愈大，杀死细菌所需要的时间也愈长。

2. 介质（水）

水作为消毒杀菌的介质，在一定范围内，其含量越多，杀菌所需要的温度越低，这是由于水分具有良好的传热性能，能促进加热时菌体蛋白的凝固，使细菌死亡。芽孢之所以耐热，是由于它含水分比繁殖体要少。若水中加入2%～4%的石炭酸可增强杀菌力。细菌在非水的介质中比水作为介质时对热的抵抗力大。如热空气条件下，杀菌所需温度要高，时间要长。在浓糖和盐溶液中细菌脱水，对热的抵抗力增强。

3. 加热的温度和时间

许多无芽孢杆菌（如伤寒杆菌、结核杆菌等）在62～63℃下，经20～30分钟死亡。大多数病原微生物的繁殖体在60～70℃下经0.5小时内死亡，一般细菌的繁殖体在100℃下数分钟内死亡。

七、冰冻消毒

多数病菌及寄生虫在0℃以下的环境下都不能存活。如鱼池在冬捕完毕后，经冰冻10～20天，可彻底消灭残存的细菌及寄生虫。

八、吸附消毒

（一）饲料中的吸附消毒

通过饲料膨化和颗粒化处理后，其表面积大大增加，可以抑制与破坏一些抗营养因子和有毒物质，还能杀灭微生物，具有极强的杀菌效果，这就是饲料中的吸附消毒。还有，膨化饲料在消化的过程中吸附大量臭气，养殖场的臭气排放量明显减少，污染物减少，这就直接保护了养殖场的周边环境。

（二）粪便中的吸附消毒

养殖场的粪便是污染环境、传播疾病的重要载体，所以对粪便的消毒更为关键。物理吸附剂（沸石硅酸盐、过磷酸钙、生石灰等）具有表面积大、孔隙大，吸附、交换能力强的特性，将其撒在粪便及畜舍的地面上，将粪便的病菌、有害气体吸收，不仅起到了消毒效果，还能吸收空气与粪便中的水分，有利于调节环境中的湿度，对养殖场周边环境的保护极为有利。

（三）绿化吸附消毒

在养殖场围墙的内外种植两行树木，树木种类不限，两行树木要求间种，即里面树种在外面两棵树中间位置，这样就能形成一面树墙，养殖场的病菌、尘埃、噪声被树叶吸附，自然起到了消毒的作用；这面树墙还能为养殖场遮风挡雨，对改善养殖场的周边环境非常有利；当树木成材时又增加了一笔可观经济收入，可谓是一举三得。

第二节　化学消毒法

化学消毒法就是利用化学药物（或消毒剂）杀灭或清除微生物的方法。因微生物的形态、生长、繁殖、致病力、抗原性等特性都受外界环境因素、特别是化学因素的影响。各种化学物质对微生物的影响是不相同的，有的使菌体蛋白质变性或凝固而呈现杀菌作用，有的可阻碍微生物新陈代谢的某些环节而呈现抑菌作用，即使是同一种化学物质，由于其浓度、作用时的环境温度、作用时间的长短及作用对象等的不同，也表现出不同的作用效果。生产中，根据消毒的对象，选用不同的药物（消毒剂），进行清洗，或浸泡，或喷洒，或熏蒸，以杀灭病原体。化学药物消毒是生产中最常用的消毒方法，主要应用于养殖场内外环境，禽畜笼、舍、饲槽，各种物品表面及饮水消毒等。

一、化学消毒的作用机理

通常说来，消毒剂和防腐剂之间并没有严格的界限，消毒药在低浓度时仅能抑菌，而防腐药在高浓度时也可能有杀菌作用，因此，一般总称为消毒防腐药。各种消毒防腐药的杀菌或抑菌作用机理也有所不同，归纳起来有如下方面。

（一）使病原体蛋白变性、发生沉淀

大部分消毒防腐药都是通过这个原理而起作用，其作用特点

是无选择性，可损害一切生活物质，属于原浆毒，可杀菌又可破坏宿主组织，如酚类、醇类、醛类等。此类药仅适用于环境消毒。

（二）干扰病原体的重要酶系统，影响菌体代谢

有些消毒防腐剂通过氧化还原反应损害细菌酶的活性基因，或因化学结构与代谢物相似，竞争或非竞争地同酶结合，抑制酶活性，引起菌体死亡，如重金属盐类、氧化剂和卤素类消毒剂。

（三）增加菌体细胞膜的通透性

某些消毒药能降低病原体的表面张力，增加菌体细胞膜的通透性，引起重要的酶和营养物质漏失，水渗入菌体，使菌体破裂或溶解，如目前广泛使用的双链季铵盐类消毒剂。

二、化学消毒的方法

化学消毒法常用的有浸洗法、喷洒法、熏蒸法和气雾法。

（一）浸洗法

浸洗法是对消毒对象进行浸泡、浸润或清洗达到消毒的一种方法。如接种或打针时，对注射局部用酒精棉球、碘酒擦拭，对一些器械、用具、衣物等的浸泡。一般应洗涤干净后再行浸泡，药液要浸过物体，浸泡时间应长些，水温应高些。养殖场入口和畜禽舍入口处消毒槽内，可用浸泡药物的草垫或草袋对人员的靴鞋消毒。

（二）喷洒法

喷洒法是对消毒对象喷洒消毒药物进行消毒的一种方法。喷洒地面、墙壁、舍内固定设备等，可用细眼喷壶；对舍内空间消毒，则用喷雾器。喷洒要全面，药液要喷到物体的各个部位。一

般喷洒地面，药液量2升/米^2，喷墙壁、顶棚，1升/米^2。

（三）熏蒸法

熏蒸法是利用消毒药物产生的气雾杀灭消毒对象病原的一种方法，适用于可以密闭的畜禽舍和其他建筑物。这种方法简便、省事，对房屋结构无损，消毒全面，如育雏育成舍、饲料厂库等常用。常用的药物有福尔马林（40%的甲醛水溶液）、过氧乙酸水溶液。为加速蒸发，常利用高锰酸钾的氧化作用。实际操作中要严格遵守下面基本要点：畜舍及设备必须清洗干净，因为气体不能渗透到畜禽粪便和污物中去，如不干净，不能发挥应有的效力；畜舍要密封，不能漏气，应将进出气口、门窗和排气扇等的缝隙糊严。

（四）气雾法

气雾法是将消毒药物形成气雾漂浮在环境中进行消毒的一种方法。气雾粒子是悬浮在空气中的气体与液体的微粒，直径小于200纳米，分子极轻，能悬浮在空气中较长时间，可到处漂移穿透到畜禽舍内的周围及其空隙。气雾是消毒液倒进气雾发生器后喷射出的雾状微粒，气雾法是消灭气携病原微生物的理想办法，畜禽舍的空气消毒和带畜消毒等常用。如全面消毒鸡舍空间，每立方米用5%的过氧乙酸溶液25毫升喷雾。

三、化学消毒剂的类型及特性

用于杀灭或清除外环境中病原微生物或其他有害微生物的化学药物，称为消毒剂，包括杀灭无生命物体上的微生物和生命体皮肤、黏膜、浅表体腔微生物的化学药品，如人或动物手术前的皮肤消毒用的化学药品。消毒剂一般并不要求其能杀灭芽孢，但能够杀灭芽孢的化学药物是更好的。

消毒剂按用途分为环境消毒剂和带畜（禽）体表消毒剂（包括饮水、器械等）；按杀菌能力分为灭菌剂、高效（水平）消毒剂、中效（水平）消毒剂、低效（水平）消毒剂。常用的是按照化学性质划分。

（一）含氯消毒剂

含氯消毒剂是指在水中能产生具有杀菌作用的活性次氯酸的一类消毒剂，包括有机含氯消毒剂和无机含氯消毒剂，目前生产中使用较为广泛。

1. 作用机制

（1）**氧化作用**　氧化微生物细胞使其丧失生物学活性。

（2）**氯化作用**　与微生物蛋白质形成氮-氯复合物而干扰细胞代谢。

（3）**新生态氧的杀菌作用**　次氯酸分解出具极强氧化性的新生态氧杀灭微生物。一般来说，有效氯浓度越高，作用时间越长，消毒效果越好。

2. 特点

可杀灭所有类型的微生物，含氯消毒剂对肠杆菌、肠球菌、牛结核分枝杆菌、金色葡萄球菌、口蹄疫病毒、猪轮状病毒、猪传染性水疱病毒和胃肠炎病毒及新城疫、法氏囊病毒有较强的杀灭作用。使用方便，价格适宜；但氯制剂对金属有腐蚀性，药效持续时间较短和久储失效。

3. 产品名称、性质和使用方法

见表2-6～表2-8。

表2-6　含氯消毒剂的产品名称、性质和使用方法

名称	性状和性质	使用方法
漂白粉（含氯石灰含有效氯25%～30%）	白色颗粒状粉末，有氯臭味，久置空气中失效，大部分溶于水和醇	5%～20%的悬浮液作环境消毒，饮水消毒每50升水加1克；1%～5%的澄清液消毒食槽、玻璃器皿、非金属用具等，宜现配现用
漂白粉精	白色结晶，有氯臭味，含氯稳定	0.5%～1.5%用于地面、墙壁消毒，0.3～0.4克/千克饮水消毒
氯胺-T（含有效氯24%～26%）	为含氯的有机化合物，白色微黄晶体，有氯臭味。对细菌的繁殖体及芽孢、病毒、真菌孢子有杀灭作用。杀菌作用慢，但性质稳定	0.2%～0.5%水溶液喷雾用于室内空气及表面消毒，1%～2%浸泡物品、器材消毒；3%的溶液用于排泄物和分泌物的消毒，用0.1%～0.5%溶液；饮水消毒，1升水用2～4毫克。配制消毒液时，如果加入一定量的氯化铵，可大大提高消毒能力
二氯异氰尿酸钠（含有效氯60%～64%，商品名优氯净、强力消毒净、84消毒液、速效净也含有二氯异氰尿酸钠）	白色晶粉，有氯臭。室温下保存半年仅降低有效氯0.16%，是一种安全、广谱和长效的消毒剂，不遗留残余毒性	一般0.5%～1%溶液可以杀灭细菌和病毒，5%～10%的溶液用于杀灭芽孢。环境器具消毒，用0.015%～0.02%溶液；饮水消毒，每升水4～6毫克，作用30分钟。本品宜现用现配 注：三氯异氰尿酸钠，其性质特点和作用同二氯异氰尿酸钠。球虫囊消毒每10升水中加入10～20克
二氧化氯（益康、消毒王、超氯）	白色粉末，有氯臭，易溶于水，易潮湿。可快速杀灭所有病原微生物，制剂有效氯含量5%。具有高效、低毒、除臭和不残留的特点	可用于畜禽舍、场地、器具、种蛋、屠宰厂，饮水消毒和带畜消毒。环境消毒，每升水加药5～10毫升，泼洒或喷雾；饮水消毒，100升水加药5～10毫升：用具、食槽消毒，每升水加药5毫克，浸泡5～10分钟。现配现用

表2-7　无机含氯消毒剂性能对照表

品名		次氯酸钠	漂白粉	漂（白）粉精	氯化磷酸三钠
有效氯含量/%		10～14	35	60	3
杀菌能力		很强	强	强	强
刺激性、腐蚀性		强	强	强	强
安全性	人、动物	差（对呼吸道、眼睛等有强力的破坏性）			低毒，有弱蓄积毒性
	环境	差（长期使用，对环境将造成严重的破坏）			一般
稳定性		很差	很差	差	较稳定
使用范围		环境、空栏	环境、空栏	环境、空栏	环境、空栏、去污、浸泡等

表2-8　有机含氯消毒剂性能对照表

品名		二氯异氰尿酸钠	二（三）氯异氰尿酸	氯胺-T甲苯磺酰胺钠	二氯二甲基海因或1,3-二氯-5,5二甲基乙内酰脲
有效氯量/%		＞55	≥65(≥90)	23～26	≥70
杀菌能力		强	强	强	强
刺激性、腐蚀性		较强	较强	较弱	较弱
安全性	人、动物	差（长期使用，易损害呼吸道、眼睛等）		较安全	安全
	环境	差（长期使用，易破坏环境）		一般	较安全
使用范围		饮水、环境、工具等	饮水、环境、器械等	饮水、带畜、环境等	饮水、带畜、环境等
稳定性		水溶液不稳定	一般	水溶液不稳定	稳定（水中缓慢溶解，缓释）

（二）碘类消毒剂

碘类消毒剂是碘与表面活性剂（载体）及增溶剂等形成的稳定络合物，包括传统的碘制剂，如碘水溶液、碘酊（俗称碘酒）、碘甘油和碘伏类制剂（Iodophor）。碘伏类制剂又分为非离子型、阳离子型及阴离子型三大类。其中非离子型碘伏是使用最广泛、最安全的碘伏，主要有聚维酮碘（PVP-I）和聚醇醚碘（NP-I）。

1. 作用机制

碘的正离子与酶系统中蛋白质所含的氨基酸起亲电取代反应，使蛋白质失活；碘的正离子具有氧化性，能对膜联酶中的硫氢基进行氧化，成为二硫键，破坏酶活性。

2. 特点

杀死细菌、真菌、芽孢、病毒、结核杆菌、阴道毛滴虫、梅毒螺旋体、沙眼衣原体、艾次病病毒和藻类，低浓度时可以进行饮水消毒和带畜（禽）消毒，对金属设施及用具的腐蚀性较低。

3. 产品名称、性质和使用方法

见表2-9。

表2-9　碘类消毒剂的产品名称、性质和使用方法

名称	性质	使用方法
碘酊（碘酒）	为碘的醇溶液，红棕色澄清液体，微溶于水，易溶于乙醚、氯仿等有机溶剂，杀菌力强	2%～2.5%用于皮肤消毒
碘伏（络合碘）	红棕色液体，随着有效碘含量的下降逐渐向黄色转变。碘与表面活化剂及增溶剂形成的不定型络合物，其实质是一种含碘的表面活性剂，主要剂型为聚乙烯吡咯烷酮碘和聚乙烯醇碘等，性质稳定，对皮肤无害	0.5%～1%用于皮肤消毒剂，10毫克/升浓度用于饮水消毒

名称	性质	使用方法
威力碘	红棕色液体，本品含碘0.5%	1%～2%用于畜舍、家畜体表及环境消毒，5%用于手术器械、手术部位消毒

（三）醛类消毒剂

醛类消毒剂能产生自由醛基，在适当条件下与微生物的蛋白质及某些其他成分发生反应，包括甲醛、戊二醛、聚甲醛等，目前最新的用于器械消毒的醛类消毒剂是邻苯二甲醛（OPA）。

1. 作用机制

可与菌体蛋白质中的氨基结合使其变性或使蛋白质分子烷基化。可以和细胞壁脂蛋白发生交联，和细胞壁磷酸中的酯键形成侧链，封闭细胞壁，阻碍微生物对营养物质的吸收和废物的排出。

2. 特点

杀菌谱广，可杀灭细菌、芽孢、真菌和病毒。性质稳定，耐储存。受有机物影响小，受湿度影响大。有一定毒性和刺激性，如对人体皮肤和黏膜有刺激和固化作用，并可使人致敏；但有特殊的臭味。

3. 产品名称、性质和使用方法

见表2-10、表2-11。

表2-10　醛类消毒剂的产品名称、性质和使用方法

名称	性质	使用方法
福尔马林，含36%～40%甲醛水溶液	无色，有刺激性气味的液体，90℃下易生成沉淀。对细菌繁殖体及芽孢、病毒和真菌均有杀灭作用，广泛用于防腐消毒	1%～2%用于环境消毒，与高锰酸钾配伍熏蒸消毒畜禽房舍等，可使用不同级别的浓度
戊二醛	无色油状体，味苦。有微弱甲醛气味，挥发度较低。可与水、酒精作任何比例的稀释，溶液呈弱酸性。碱性溶液有强大的灭菌作用	2%水溶液，用0.3%碳酸氢钠调整pH值在7.5～8.5范围可消毒，不能用于热灭菌的精密仪器、器材的消毒
多聚甲醛（聚甲醛含甲醛91%～99%）	为甲醛的聚合物，有甲醛臭味，为白色疏松粉末，常温下不分解出甲醛气体，加热时分解加快，释放出甲醛气体与少量水蒸气。难溶于水，但能溶于热水，加热至150℃时，可全部蒸发为气体	多聚甲醛的气体与水溶液，均能杀灭各种类型病原微生物。1%～5%溶液作用10～30分钟，可杀灭除细菌芽孢以外的各种细菌和病毒；杀灭芽孢时，需8%浓度作用6小时。用于熏蒸消毒时，用量为每立方米3～10克，消毒时间为6小时

表2-11　醛类消毒剂性能对照表

品名	甲醛（多聚甲醛）	碱性戊二醛	酸性戊二醛	强化酸性戊二醛	邻苯二甲醛
杀菌能力	一般（温度对熏蒸效果影响很大）	强	强	很强（加强化增效剂，杀菌效果增倍）	很强
刺激性、腐蚀性	强	较弱	较弱	较弱	无
安全性　人、动物	差（对呼吸道、眼睛等有强力的破坏性，强致癌，致异）	较安全	较安全	较安全	安全
安全性　环境	差	较安全	较安全	较安全	安全
稳定性	不稳定	不稳定	较稳定	较稳定	很稳定
使用范围	环境	带畜、环境、器械、水体等	带畜、环境、器械、水体等	带畜、环境、器械、水体等	带畜、环境、器械、水体等

4. **醛类熏蒸消毒的应用与方法**

甲醛熏蒸消毒可用于密闭的舍、室，或容器内的污染物品消毒，也可用于畜禽舍、仓库及饲养用具、种蛋、孵化机（室）污染表面的消毒。其穿透性差，不能消毒用布、纸或塑料薄膜包装的物品。

（1）气体的产生　消毒时，最好能使气体在短时间内充满整个空间。产生甲醛气体有如下四种方法。

① 福尔马林加热法。每立方米空间用福尔马林25～50毫升，加等量水，然后直接加热，使福尔马林变为气体，舍（室）温度不低于15℃，相对湿度为60%～80%，消毒时间为12～24小时。

② 福尔马林化学反应法。福尔马林为强有力的还原剂，当与氧化剂反应时，能产生大量的热将甲醛蒸发，常用的氧化剂有高锰酸钾及漂白粉等。

③ 多聚甲醛加热法。将多聚甲醛干粉放在平底金属容器（或铁板）上，均匀铺开，置于火上加热（150℃），即可产生甲醛蒸气。

④ 多聚甲醛化学反应法。如醛氯合剂，将多聚甲醛与二氯异氰尿酸钠干粉按24：76的比例混合，点燃后可产生大量有消毒作用的气体。由于两种药物相混可逐渐自然产生反应，因此本合剂的两种成分平时要用塑料袋分开包装，使用前混合。微胶囊醛氯合剂，将多聚甲醛用聚氯乙烯微胶囊包裹后，与二氯异氰尿酸钠干粉按10：90的比例混合压制成块，使用时用火点燃，杀菌作用与没包装胶囊的合剂相同。此合剂由微胶囊将两种成分分隔开，因此虽混在一起也可保存1年左右。

（2）熏蒸消毒的方法　消毒时，要充分暴露舍、室及物品的表面，并去除各角落的灰尘和蛋壳上的污物。消毒前要将畜舍和工作室密闭，避免漏气。室温保持在20℃以上，相对湿度在70%～90%，必要时加入一定量的水（30毫升/米³），随甲醛蒸发。达到规定的消毒时间后，敞开门、窗通风换气，必要时用25%氨水中和残留的甲醛（用量为甲醛的1/2）。

操作时，先将氧化剂放入容器中，然后注入福尔马林，而不要先放氧化剂后再加福尔马林。反应开始后药液沸腾，在短时间内即可将甲醛蒸发完毕。由于产生的热较高，容器不要放在地板上，避免把地板烧坏，也不要使用易燃、易腐蚀的容器。使用的容器容积要大些（约为药液的10倍），徐徐加入药液，防止反应过猛药液溢出。为调节空气中的湿度，需要蒸发定量水分时，可直接将水加入福尔马林中，这样还可减弱反应强度。必要时用小棒搅拌药液，可使反应充分进行。

（四）氧化剂类

氧化剂类是一些含不稳定结合态氧的化合物。

1. 作用机制

这类化合物遇到有机物和某些酶可释放出初生态氧，破坏菌体蛋白或细菌的酶系统。分解后产生的各种自由基，如巯基、活性氧衍生物等破坏微生物的通透性屏障和蛋白质、氨基酸、酶等，最终导致微生物死亡。

2. 特点

对多种病原微生物都有较好的杀灭作用。低温环境下有较好的杀菌作用，但不稳定，易分解失效，腐蚀性较强。

3. 产品名称、性质和使用方法

见表2-12、表2-13。

表2-12　氧化剂类的产品名称、性质和使用方法

名称	性质	使用方法
过氧乙酸	无色透明酸性液体，易挥发，具有浓烈刺激性，不稳定，对皮肤、黏膜有腐蚀性。对多种细菌和病毒杀灭效果好	400～2000毫克/升，浸泡2～120分钟；0.1%～0.5%擦拭物品表面；或0.5%～5%环境消毒，0.2%器械消毒
过氧化氢（双氧水）	无色透明，无异味，微酸苦，易溶于水，在水中分解成水和氧。可快速灭活多种微生物	1%～2%创面消毒；0.3%～1%黏膜消毒
过氧戊二酸	有固体和液体两种。固体难溶于水，为白色粉末，有轻度刺激性作用，易溶于乙醇、氯仿、乙酸	2%器械浸泡消毒和物体表面擦拭，0.5%皮肤消毒，雾化气溶胶用于空气消毒
臭氧	臭氧（O_3）是氧气（O_2）的同素异构体，在常温下为淡蓝色气体，有鱼腥臭味，极不稳定，易溶于水。臭氧对细菌繁殖体、病毒真菌和枯草杆菌黑色变种芽孢有较好的杀灭作用；对原虫和虫卵也有很好的杀灭作用	30毫克/米^{3}15分钟，用于室内空气消毒；0.5毫克/升10分钟，用于水消毒；15～20毫克/升，用于传染源的污水消毒
高锰酸钾	紫黑色斜方形结晶或结晶性粉末，无臭，易溶于水，容易因其浓度不同而呈暗紫色至粉红色。低浓度可杀死多种细菌的繁殖体，高浓度（2%～5%）在24小时内可杀灭细菌芽孢，在酸性溶液中可以明显提高杀菌作用	0.1%溶液可用于鸡的饮水消毒，杀灭肠道病原微生物；0.1%创面和黏膜消毒；0.01%～0.02%消化道清洗；用于体表消毒时使用的浓度为0.1%～0.2%

表2-13　过氧化物消毒剂性能对照表

品名	过氧乙酸	过氧化氢（双氧水）	过氧戊二酸	臭氧	二氧化氯（复合亚氯酸钠）	过硫酸复合盐
杀菌能力	强	强	强	强	强	强
刺激性、腐蚀性	强	强	强	无	无	无

续表

安全性	人、动物	差（对呼吸道、眼睛等有强力的破坏性）		较安全	安全，代谢物不产生三氯甲烷	安全
	环境	差（长期使用，对环境将造成严重的破坏）		最安全	安全	安全
稳定性		差	差	差	差	稳定	稳定
使用范围		环境、空栏	环境、空栏	环境、空栏	饮水、环境	饮水、畜禽、环境、器械等	饮水、畜禽、环境等

（五）酚类消毒剂

酚类消毒剂是消毒剂中种类较多的一类化合物。含酚 41%～49%、醋酸22%～26%的复合酚制剂，是我国生产的一种新型、广谱、高效消毒剂。

1. 作用机制

① 高浓度下可裂解并穿透细胞壁，与菌体蛋白结合，使微生物原浆蛋白质变性；低浓度下或较高分子的酚类衍生物，可使氧化酶、去氢酶、催化酶等细胞的主要酶系统失去活性。

② 减低溶液表面张力，增加细胞壁的通透性，使菌体内含物泄出。

③ 易溶于细胞类脂体中，因而能积存在细胞中，其羟基与蛋白的氨基起反应，破坏细胞的机能。

④ 衍生物中的某些羟基与卤素，有助于降低表面张力，卤素还可促进衍生物电解以增加溶液的酸性，增强杀菌能力。对细菌、真菌和带囊膜病毒具有灭活作用，对多种寄生虫卵也有一定杀灭作用。

2. 特点

酚类消毒剂性质稳定，通常一次用药，药效可以维持5 ～ 7天。腐蚀性轻微。生产简便，成本低；但杀菌力有限，不能作为灭菌剂。本品公认对人畜有害（有明显的致癌、致敏作用，频繁使用可以引起蓄积中毒，损害肝、胃功能，以及神经系统），且气味滞留，不能带畜消毒和饮水消毒（宰前可影响肉质风味），常用于空舍消毒。长时间浸泡可破坏纺织品颜色，并能损害橡胶制品，与碱性药物或其他消毒剂混合使用效果差。

3. 产品名称、性质和使用方法

见表2-14、表2-15。

表2-14　复合酚类的产品名称、性质和使用方法

名称	性质	使用方法
苯酚（石炭酸）	白色针状结晶，弱碱性易溶于水、有芳香味	杀菌力强，3% ～ 5%用于环境与器械消毒，2%用于皮肤消毒
煤酚皂（来苏儿）	由煤酚和植物油、氢氧化钠按一定比例配制而成。无色，见光和空气变为深褐色，与水混合成为乳状液体。毒性较低	3% ～ 5%用于环境消毒；5% ～ 10%器械消毒、处理污物；2%用于术前、术后和皮肤消毒
复合酚（农福、消毒净、消毒灵）	由冰醋酸、混合酚、十二烷基苯磺酸、煤焦油按一定比例混合而成，为棕色黏稠状液体，有煤焦油臭味，对多种细菌和病毒有杀灭作用	用水稀释100 ～ 300倍后，用于环境、禽舍、器具的喷雾消毒，稀释用水温度不低于8℃；1：200杀灭烈性传染病，如口蹄疫；1：（300 ～ 400）药浴或擦拭皮肤，可以防治猪、牛、羊螨虫等皮肤寄生虫，效果良好
氯甲酚溶液（菌球杀）	为甲酚的氯代衍生物，一般为5%的溶液。杀菌作用强，毒性较小	主要用于禽舍、用具、污染物的消毒。用水稀释33 ～ 100倍后用于环境、畜禽舍的喷雾消毒

表2-15　酚类消毒剂性能对照表

品名	苯酚 （石炭酸）	煤酚皂液 （来苏儿）	复合酚 （农福）	氯甲酚溶液 （4-氯-3-甲基苯酚）
杀菌能力	弱	稍强（酚系数：2～2.7）	强	很强 （酚系数：20）
刺激、腐蚀性	强	强	强	无
安全性 人、动物	差（强致癌，有蓄积毒性）	差（强致癌，有蓄积毒性）	差（强致癌，有蓄积毒性）	安全
安全性 环境	差（环境污染严重）	差（环境污染严重）	差（环境污染严重）	较安全
使用范围	环境	环境	环境	畜禽、车辆、环境、器械等

（六）表面活性剂（双链季铵酸盐类消毒剂）

表面活性剂又称清洁剂或除污剂，生产中常用阳离子表面活性剂，其抗菌广谱，对细菌、霉菌、真菌、藻类和病毒均具有杀灭作用。

1. 作用机制

① 可以吸附到菌体表面，改变细胞渗透性，溶解损伤细胞使菌体破裂，细胞内容物外流。

② 表面活性物在菌体表面浓集，阻碍细菌代谢，使细胞结构紊乱。

③ 渗透到菌体内部使蛋白质发生变性和沉淀，破坏细菌酶系统。

2. 特点

表面活性剂具有性质稳定、安全性好、无刺激性和腐蚀性等特点，对常见病毒如马立克氏病毒、新城疫病毒、猪瘟病毒、法氏囊病毒、口蹄疫病毒均有良好的消毒效果，但对无囊膜病毒消毒效果不好；要避免与阴离子活性剂，如肥皂、碘、碘化钾、过氧化物等并用或合用，否则降低消毒的效果。不适于粪便、污水消毒及芽孢菌消毒。

3. 产品名称、性质和使用方法

见表2-16、表2-17。

表2-16　表面活性剂的产品名称、性质和使用方法

名称	性质	使用方法
新洁尔灭（苯扎溴铵）。市售的一般为浓度5%的苯扎溴铵水溶液	无色或淡黄色液，振摇产生大量泡沫。对革兰氏阴性细菌的杀灭效果比对革兰氏阳性菌强，能杀灭有囊膜的亲脂病毒，不能杀灭亲水病毒、芽孢菌、结核菌。易产生耐药性	皮肤、器械消毒用0.1%的溶液（以苯扎溴铵计），黏膜、创口消毒用0.02%以下的溶液，0.5%～1%溶液用于手术局部消毒。
度米芬（杜米芬）	白色或微白色片状结晶，能溶于水和乙醇。主要用于细菌病原，消毒能力强，毒性小，可用于环境、皮肤、黏膜、器械和创口的消毒	皮肤、器械消毒用0.05%～0.1%的溶液，带畜禽消毒用0.05%的溶液喷雾
楼甲溴铵溶液（百毒杀）。市售一般为10%楼甲溴铵溶液	白色、无臭、无刺激性、无腐蚀性的溶液剂。本品性质稳定，不受环境酸碱度、水质硬度、粪便血污等有机物及光、热影响，可长期保存，且适用范围广	饮水消毒，日常1：（2000～4000），可长期使用。疫病期间，1：（1000～2000）连用7天；畜禽舍及带畜禽消毒，日常1：600；疫病期间，1：（200～400）喷雾、洗刷、浸泡
双氯苯胍己烷	白色结晶粉末，微溶于水和乙醇	0.5%环境消毒，0.3%器械消毒，0.02%皮肤消毒
环氧乙烷（烷基化合物）	常温无色气体，沸点10.3℃，易燃、易爆、有毒	50毫克/升，密闭容器内用于器械、敷料等消毒

名称	性质	使用方法
氯己定（洗必泰）	白色结晶、微溶于水，易溶于醇，忌与升汞配伍	0.022% ～ 0.05%水溶液，术前洗手浸泡5分钟；0.01% ～ 0.025%用于腹腔、膀胱等冲洗

表2-17　表面活性剂消毒剂性能对照表

品名		氯己定（洗必太）	苯扎溴铵（新洁尔灭或溴苄烷铵）	度米芬（消毒宁）	百毒杀（50%双癸基二甲基溴化铵）
杀菌能力		弱（抗药性很强）	弱（使用浓度高、影响杀菌效果因素很多）	弱（稍强于苯扎溴铵）	较强（双链季铵盐杀菌效果强于单链季铵盐）
刺激性、腐蚀性		无	皮肤、黏膜刺激性低，对金属有腐蚀	无	无
安全性	人、动物	较安全	较安全	较安全	较安全
	环境	差（生物降解性差，长期大量使用易对环境造成破坏）			
稳定性		稳定	稳定	稳定	稳定
使用范围		伤口、黏膜冲洗擦拭	伤口、黏膜冲洗擦拭	伤口、黏膜冲洗擦拭	带畜、伤口、黏膜冲洗擦拭等

（七）醇类消毒剂

1. 作用机制

① 使蛋白质变性沉淀。

② 快速渗透细菌胞壁进入菌体内部，溶解破坏细菌细胞。

③ 抑制细菌酶系统，阻碍细菌正常代谢。

2. 特点

醇类消毒剂可快速杀灭多种微生物，如细菌繁殖体、真菌和多种病毒（单纯疱疹病毒、乙肝病毒、人类免疫缺陷病毒等），但不能杀灭细菌芽孢。受有机物影响，而且由于易挥发，应采用浸泡消毒或反复擦拭以保证消毒时间。醇类消毒剂与戊二醛、碘伏等配伍，可以增强其作用。

3. 产品名称、性质和使用方法

见表2-18。

表2-18　醇类消毒剂的产品名称、性质和使用方法

名称	性质	使用方法
乙醇（酒精）	无色透明液体，易挥发，易燃，可与水和挥发油任意混合。无水乙醇含乙醇量为95%以上。主要通过使细菌菌体蛋白凝固并脱水而发挥杀菌作用。以70%～75%乙醇杀菌能力最强。对组织有刺激作用，浓度越大刺激性越强	70%～75%用于皮肤、手背、注射部位和器械及手术、实验台面消毒，作用时间3分钟；注意不能作为灭菌剂使用，不能用于黏膜消毒。浸泡消毒时，消毒物品不能带有过多水分，物品要清洁
异丙醇	无色透明液体，易挥发，易燃，具有乙醇和丙酮混合气味，与水和大多数有机溶剂可混融。作用浓度为50%～70%，过浓过稀，杀菌作用都会减弱	50%～70%的水溶液涂擦与浸泡，作用时间5～60分钟。只能用于物体表面和环境消毒。杀菌效果优于乙醇，但毒性也高于乙醇。有轻度的蓄积和致癌作用

（八）强碱类

强碱类包括氢氧化钠、氢氧化钾、生石灰等碱类物质。

1. 作用机制

由于氢氧根离子可以水解蛋白质和核酸，使微生物的结构和酶系统受到损害，同时可分解菌体中的糖类而杀灭细菌和病毒。

2. 特点

① 杀毒效果好，尤其是对病毒和革兰氏阴性杆菌的杀灭作用最强。

② 其腐蚀性强，生产中比较常用。

③ 廉价，成本低。

3. 产品名称、性质和使用方法

见表2-19。

表2-19 强碱类的产品名称、性质和使用方法

名称	形状与性质	使用方法
氢氧化钠（火碱）	白色干燥的颗粒、棒状、块状、片状结晶，易溶于水和乙醇，易吸收空气中的CO_2形成碳酸钠或碳酸氢钠盐。对细菌繁殖体、芽孢体和病毒有很强的杀灭作用，对寄生虫卵也有杀灭作用，浓度增大，作用增强	2%～4%溶液可杀死病毒和繁殖型细菌，30%溶液10分钟可杀死芽孢，4%溶液45分钟杀死芽孢，如加入10%食盐能增强杀芽孢能力。2%～4%的热溶液用于喷洒或洗刷消毒，用于畜禽舍、仓库、墙壁、工作间、入口处、运输车辆、饮饲用具等；5%用于炭疽消毒
生石灰（氧化钙）	白色或灰白色块状或粉末、无臭，易吸水，加水后生成氢氧化钙	加水配制10%～20%石灰乳涂刷畜舍墙壁、畜栏等
草木灰	新鲜草木灰主要含氢氧化钾。取筛过的草木灰10～15千克，加水35～40千克，搅拌均匀，持续煮沸1小时，补足蒸发的水分即成20%～30%草木灰	20%～30%草木灰可用于圈舍、运动场、墙壁及食槽的消毒。应注意水温在50～70℃

（九）重金属类

重金属指汞、银、锌等，因其盐类化合物能与细菌蛋白结合，使蛋白质沉淀而发挥杀菌作用。硫柳汞高浓度可杀菌，低浓度时仅有抑菌作用（表2-20）。

表2-20　重金属类消毒剂名称、性质和使用方法

名称	性质	使用方法
甲紫（龙胆紫）	深绿色块状，溶于水和乙醇	1%～3%溶液用于浅表创面消毒、防腐
硫柳汞	不沉淀蛋白质	0.01%用于生物制品防腐，1%用于皮肤或手术部位消毒

（十）酸类

酸类的杀菌作用在于高浓度能使菌体蛋白质变性和水解，低浓度可以改变菌体蛋白两性物质的离解度，抑制细胞膜的通透性，影响细菌的吸收、排泄、代谢和生长。还可以与其他阳离子在菌体表现竞争的吸附，妨碍细菌的正常活动。有机酸的抗菌作用比无机酸强，见表2-21。

表2-21　酸类的产品名称、性质和使用方法

名称	性质	使用方法
无机酸（硫酸和盐酸）	具有强烈的刺激性和腐蚀性，生产中较少使用	0.5摩尔/升的硫酸处理排泄物、痰液等，30分钟可杀死多数结核杆菌。2%盐酸用于消毒皮张
乳酸	微黄色透明液体，无臭微酸味，有吸湿性	蒸气用于空气消毒，亦可用于与其他醛类配伍
醋酸	浓烈酸味	5～10毫升/米^{3}加等量水，蒸发消毒房间空气
十一烯酸	黄色油状溶液，溶于乙醇	5%～10%十一烯酸醇溶液用于皮肤、物体表面消毒

（十一）高效复方消毒剂

在化学消毒剂长期应用的实践中，单一消毒剂使用时存在许多不足，已不能满足各行业消毒的需要。近年来，国内外相继有数百种新型复方消毒剂问世，提高了消毒剂的质量、应用范围和使用效果。

1. 复方化学消毒剂配伍类型

复方化学消毒剂配伍类型主要有两大类。

（1）消毒剂与消毒剂 两种或两种以上消毒剂复配，如季铵盐类与碘的复配、戊二醛与过氧化氢的复配，其杀菌效果达到协同和增效，即 $1+1>2$。

（2）消毒剂与辅助剂 一种消毒剂加入适当的稳定剂和缓冲剂、增效剂，以改善消毒剂的综合性能，如稳定性、腐蚀性、杀菌效果等，即 $1+0>1$。

2. 常用的复方消毒剂

见表2-22。

表2-22 常用的复方消毒剂组成及特性

名称	组成和特性
复方含氯消毒剂	复方含氯消毒剂中，常选的含氯成分主要为次氯酸钠、次氯酸钙、二氯异氰尿酸钠、氯化磷酸三钠、二氯二甲基海因等，配伍成分主要为表面活性剂、助洗剂、防腐剂、稳定剂等。在复方含氯消毒剂中，二氯异氰尿酸钠有效氯含量较高、易溶于水，杀菌作用受有机物影响较小，溶液的pH值不受浓度的影响，故作为主要成分应用最多。如用二氯异氰尿酸钠和多聚甲醛配成的氯醛合剂用于室内消毒的烟熏剂，使用时点燃合剂，在3克/米³剂量时，能杀灭99.99%的白色念珠菌；用量提高到13克/米³，作用3小时对蜡样芽孢杆菌的杀灭率可达99.94%。该合剂可长期保存，在室温下32个月杀菌效果不变
复方季铵盐类消毒剂	表面活性剂一般有和蛋白质作用的性质，特别是阳离子表面活性剂的这种作用比较强，具有良好的杀菌作用，特别是季铵盐型阳离子表面活性剂使用较多。作为复配的季铵盐类消毒剂主要以十二烷基、二甲基乙苄基氯化铵、二甲基苄基溴化铵为多，其他季铵盐有双癸季铵盐，如双癸甲溴化铵、溴化十二烷基二甲基苄基铵等。常用的配伍剂主要有醛类（戊二醛、甲醛）、醇类（乙醇、异丙醇）、过氧化物类（二氧化氯、过氧乙酸）以及氯己定等。另外，尚有两种或两种以上阳离子表面活性剂配伍，如用二甲基苄基氯化铵与二甲基乙苄基氯化铵配合的季铵盐类消毒剂杀菌能力增强

名称	组成和特性
含碘复方消毒剂	碘液和碘酊是含碘消毒剂中最常用的两种剂型，但并非复配时首选。碘与表面活性剂的不定型络合物碘伏，是含碘复方消毒剂中最常用的剂型。阴离子表面活性剂、阳离子表面活性剂和非离子表面活性剂均可作为碘的载体制成碘伏，但其中以非离子型表面活性剂最稳定，故选用得较多，常见的为聚乙烯吡咯烷酮、聚乙氧基乙醇等。目前国内外市场推出的碘伏产品有近百种之多，国外的碘伏以聚乙烯吡咯烷酮碘为主，这种碘伏既有消毒杀菌作用，又有洗涤去污作用。我国现有的碘伏产品中有聚乙烯吡咯烷酮碘和聚乙二醇碘等
醛类复方消毒剂	在醛类复方消毒剂中应用较多的是戊二醛，这是因为甲醛对人体的副作用较大和有致癌作用，限制了甲醛复配的应用。常见的醛类复配形式有戊二醛与洗涤剂的复配，降低了毒性，增强了杀菌作用；戊二醛与过氧化氢的复配，远高于戊二醛和过氧化氢的杀菌效果
醇类复方消毒剂	醇类消毒剂具有无毒、无色、无特殊气味及较快速杀死细菌繁殖体及分枝杆菌、真菌孢子、亲脂病毒的特性。由于醇的渗透作用，某些杀菌剂溶于醇中有增强杀菌的作用，并可杀死任何高浓度醇类都不能杀死的细菌芽孢。因此，醇与物理因子和化学因子的协同应用逐渐增多。醇类常用的复配形式中以次氯酸钠与醇的复配为最多，用50%甲醇溶液和浓度2000毫克/升有效氯的次氯酸钠溶液复配，其杀菌作用高于甲醇和次氯酸钠水溶液。乙醇与氯己定复配的产品很多，也可与醛类复配，亦可与碘类复配等

四、影响化学消毒效果的因素

（一）消毒药物

1. 消毒剂的种类

同其他药物一样，消毒剂对微生物具有一定的选择性，某些药物只对某一部分微生物有抑制或杀灭作用，而对另一些微生物效力较差或不发生作用。也有一些消毒剂对各种微生物均具有抑制或杀灭作用（称为广谱消毒剂）。不同种类的化学消毒剂，由于其本身的化学特性和化学结构不同，故而其对微生物的作用方式也不相同。有的化学消毒剂作用于细胞膜或细胞壁，使之通透性发生改变，不能摄取营养；有的消毒剂通过进入菌体内使细胞浆发生改变；有的以氧化作用或还原作用毒害菌体。碱类消毒剂是以其氢氧根离子，而酸类是以其氢离子的解离作用阻碍菌体正常代谢；有些则是使菌体蛋白质、酶等生物活性物质变性或沉淀而达到灭菌消毒的目的。

根据不同微生物的特点，选择适当的消毒剂消毒。如细菌孢子或囊膜病毒，必须选择有效的消毒剂，如氯、碘、醛制剂，能够达到预期的效果；而使用酚制剂或季铵盐，消毒效果不好。这是因为季铵盐型阳离子表面活性剂中阳离子的亲脂阻力虽然能够起到杀菌作用，杀死无囊膜（有包膜病毒包含大量的脂质成分）效果好，但它是对囊膜病毒无效。所以为了获得理想的消毒效果，必须根据消毒对象和消毒剂本身特点科学地选择。

2. 消毒剂之间的拮抗作用

酚类（石炭酸等）不宜与碱类消毒剂混合，阳离子表面活性剂不宜与阴离子表面活性剂（肥皂等）及碱类物质混合。高锰酸钾、过氧乙酸等氧化剂与碘酊等还原剂之间可发生氧化反应，不但减弱消毒效果，还会加重对皮肤的刺激性。

3. 消毒剂的浓度

消毒剂的消毒效果，一般与其浓度成正比，也就是说，化学消毒剂的浓度愈大，其对微生物的毒性作用也愈强。但这并不意味着浓度加倍，杀菌力也随之增加1倍。有些消毒剂，稀浓度时对细菌无作用，当浓度增加到一定程度时，可刺激细菌生长，再把消毒剂浓度提高时，可抑制细菌生长，只有将消毒液浓度增高到有杀菌作用时，才能将细菌杀死。如0.5％的石炭酸只有抑制细菌生长的作用而作为防腐剂，当浓度增加到2.5％时，则呈现杀菌作用。但是消毒剂浓度的增加是有限的，超越此限度时，并不一定能提高消毒效力，有时一些消毒刹的杀菌效力反而随浓度的增高而下降，如75％的酒精杀菌效力最强，使用95％以上浓度时杀菌效力反而不好，并造成药物浪费。应严格按照标准规范正确使用。消毒剂浓度的配置，既要达到消毒效果，同时也要保证对人体的安全和不腐蚀设备。

4. 消毒时间

不同的消毒剂作用时间不同，如碘制剂消毒伤口只需要几秒钟，牲畜术后浸泡消毒则需3 ~ 5分钟，熏蒸消毒则需要24小时以上。

（二）微生物

1. 微生物的种类

由于不同种类微生物的形态结构及代谢方式等生物学特性的不同，其对化学消毒剂所表现的反应也不同。不同种类的微生物，如细菌、真菌、病毒、衣原体、霉形体等，同一种类中不同类群（如细菌中的革兰氏阳性细菌与革兰氏阴性细菌）对各种消毒剂的敏感性并不完全相同。如革兰氏阳性细菌的等电点比革兰氏阴性细菌低，所以在一定的值下所带的负电荷多，容易与带正电荷的离子结合，易与碱性染料的阳离子、重金属盐类的阳离子及去污剂结合而被灭活；而病毒对碱性消毒药比较敏感。因此在生产中要根据消毒和杀灭的对象选用消毒剂，效果可能比较理想。微生物对各类化学消毒剂的敏感性见表2-23。

表2-23 微生物对各类化学消毒剂的敏感性

种类	革兰氏阳性菌	革兰氏阴性菌	亲脂病毒	亲水病毒	真菌	细菌芽孢
过氧化物	++++	++++	+++++	+++++	++++	+++
季铵盐	++++	+++	+++	+	+++	+
醇类	++++	+++	++	+	+	－
酚类	++++	+++	++	+	+	－
有机氯	++++	+++	+++	++	+++	+++
碘类	++++	+++	+++	++	++	++
醛类	++++	+++	+++	+++	++	+++
碱类	++++	++++	+++++	+++++	++++	++++

注：++++表示高度敏感，+++表示中度敏感，++表示抑制或可杀灭，+表示抑制，－表示抵抗。

2. 微生物的状态

同一种微生物处于不同状态时对消毒剂的敏感性也不相同。如同一种细菌，其芽孢因有较厚的芽孢壁和多层芽孢膜，结构坚实，消毒剂不易渗透进去，所以比繁殖体对化学药品的抵抗力要强得多；静止期的细菌要比生长期的细菌对消毒剂的抵抗力强。

3. 微生物的数量

同样条件下，微生物的数量不同对同一种消毒剂的作用也不同。如果消毒区域的病原微生物数量多，应增加消毒剂用量，灭菌时间也应该延长，从而达到良好的效果。特别是重污染或高风险区域，如病畜隔离诊断室、畜禽繁殖室和孵化车间等，应加强消毒。

（三）外界因素

1. 有机物质的存在

当微生物所处的环境中有粪便、痰液、脓汁、血液及其他排泄物等有机物质存在时，严重影响消毒剂的效果。其原因：一是有机物能在菌体外形成一层保护膜，而使消毒剂无法直接作用于菌体；二是消毒剂可能与有机物形成一不溶性化合物，而使消毒剂无法发挥其消毒作用；三是消毒剂可能与有机物进行化学反应，而其反应产物并不具杀菌作用；四是有机悬浮液中的胶质颗粒状物可能吸附消毒剂粒子，而将大部分抗菌成分由消毒液中移除；五是脂肪可能会将消毒剂去活化；六是有机物可能引起消毒剂的pH的变动，而使消毒剂不活化或效力低下。

所以在使用消毒剂时应先用清水将地面、器具、墙壁、皮肤或创口等清洗干净，再使用消毒药。对于有痰液、粪便及有畜禽的圈舍的消毒要选用受有机物影响比较小的消毒剂。同时适当提高消毒剂的用量，延长消毒时间，方可达到良好的效果。

2. 消毒时的温度、湿度与作用时间

（1）**温度**　消毒抗菌效果与环境温度呈正比，温度越高，杀菌能力越强。温度每上升10℃，金属盐类消毒剂的杀菌作用增加2～5倍，石炭酸则增加5～8倍，酚类消毒剂增加8倍以上。消毒抗菌功效测定温度通常在15～20℃。许多消毒剂在低温下消毒速度慢，消毒效果差，甚至无法起到消毒的作用。如甲醛在室温15℃时，即使在有效浓度下，由于温度过低，仍不能达到一个好的消毒结果，如果室温20℃以上则消毒效果很好。

（2）**湿度**　作为一个环境因素也能影响消毒效果，如用过氧乙酸及甲醛熏蒸消毒时，保持温度24℃以上，相对湿度60%～80%，效果最好。如果湿度过低，则效果不良。

（3）作用时间 在其他条件都一定的情况下，作用时间愈长，消毒效果愈好，消毒剂杀灭细菌所需时间的长短取决于消毒剂的种类、浓度及其杀菌速度，同时也与细菌的种类、数量和所处的环境有关。

3. 消毒剂的酸碱度

许多消毒剂的消毒效果均受消毒环境pH值的影响。如碘制剂、酸类、来苏儿等阴离子消毒剂，在酸性环境中杀菌作用增强；而阳离子消毒剂如新洁尔灭等，在碱性环境中杀菌力增强。又如2%戊二醛溶液，在pH4～5的酸性环境下，杀菌作用很弱，对芽孢无效，若在溶液内加入0.3%碳酸氢钠碱性激活剂，使pH调到7.5～8.5，即成为20%的碱性戊二醛溶液，杀菌作用显著增强，能杀死芽孢。另外，pH值也影响消毒剂的电离度，一般来说，末电离的分子，较易通过细菌的细胞膜，杀菌效果较好。

4. 物理状态

物理状态影响消毒剂的渗透，只有溶液才能进入微生物体内，发挥应有的消毒作用，而固体和气体则不能进入微生物细胞中，因此，固体消毒剂必须溶于水中，气体消毒剂必须溶于微生物周围的液层中，才能发挥作用。所以，使用熏蒸消毒时，增加湿度有利于消毒效果的提高。

5. 空气消毒时消毒剂的粒径

在进行空气消毒时，消毒剂的雾化粒径直接影响空气消毒效果，使用新型喷雾器械将消毒剂以细小的微粒喷洒至空气中，形成消毒剂的气溶胶，能够提高消毒剂空气消毒效果。有资料认为当雾滴直径减小一半时，单位面积上的雾滴数约增加8倍。例如，雾滴微粒为10微米和20微米时，单位面积上的雾滴数分别为19000个和2350个，如果雾滴直径在100微米时则仅为19个/米^2。为了对空气消毒，必须使雾滴在空气中滞留的时间尽可能地长，才能达到对空气消毒的效果，雾滴微粒为10微米、50微米和100微米时，雾滴的降落速度分别是0.3厘米/秒、7.0厘米/秒、26厘米/秒，后二者的沉降速度分别为前者的35倍和80倍以上，建议雾滴粒径控制在20～30厘米之间，既不会刺激畜禽呼吸道又可以提高空气消毒效果。

五、化学消毒的防护

无论采取哪种消毒方式，都要注意消毒人员的自身防护，特别是化学消毒，首先要严格遵守操作规程和注意事项，其次要注意消毒人员以及消毒区域内其他人员的防护。防护措施要根据消毒方法的原理，操作规程要有针对性。例如，进行喷雾消毒和熏蒸消毒时就应穿上防护服，戴上眼镜和口罩（进行紫外线直接照射消毒，室内人员都应该离开，避免直接照射。如果进出畜牧场人员通过消毒室进行紫外线照射消毒时，眼睛不能看紫外线灯，避免眼睛灼伤）。

常用的个人防护用品可以参照国家标准进行选购，防护服装应配帽子、口罩、鞋套。对防护服装的要求如下。

（一）防酸碱

防酸碱可以避免消毒中防护服装被腐蚀。工作完毕或离开疫区时，用消毒液高压喷淋、洗涤消毒防护服装，达到安全防疫的效果。

（二）防水

好的防护服装材料，一般每平方米的防水布料薄膜上就有14亿个微细孔，一颗水珠比这些微细孔大2万倍，因此水珠不能穿过薄膜层而润湿布料，可以保证操作中的防水效果。

（三）防寒、挡风、保暖

防护服装材料极小的微细孔应该呈不规则排列，可阻挡冷风及寒气的侵入。

（四）透气

材料微孔直径应大于汗液分子700 ～ 800倍，汗气可以从容穿透面料，即使在工作量大、体液蒸发较多时也感到干爽舒适。目前先进的防护服装已经在市场上销售，选购时可按照上述标准，或参照防SARS时采用的标准。

小知识

选择消毒剂时首先应明确使用的目的和对象，比如是为了预防消毒还是疫源地消毒。后者又分为终末消毒还是随时消毒。常规消毒用中低效消毒剂，终末消毒、疫情发生时用高效消毒剂，并加大使用浓度和使用量（常规每周2次，发生疫情时每天1次）。其次选择消毒剂时应考虑需控制的微生物的类型和数量，消毒剂的抗菌谱，消毒剂的品牌（选择农业部兽药信息网上批准文号能够查到的消毒剂，选择知名企业的消毒剂），浓度、使用方法和接触时间（按说明书操作），待消毒物体的材质及其对消毒剂的兼容性，反复使用对设备表面的腐蚀程度，可能影响杀菌效力的表面有机物数量，对操作者的安全性，交替使用方案和对产品的影响。化学消毒剂的使用原则：一是根据物品的性能及微生物的特性，选择合适的消毒剂（一般选择2～3种消毒剂，交替使用，至少一种是高效消毒剂）；二是严格掌握消毒剂的有效浓度、消毒时间及使用方法；三是消毒剂应定期更换，易挥发的消毒剂要加盖，并定期检测，调整其浓度；四是必要的消毒设备；五是采用农业部发布的消毒技术规范规定的方法或消毒效果评价测试片定期对本场消毒效果进行评估，一般临床使用消毒剂后对病原微生物的杀灭率≥90.0%为合格。

第三节　生物消毒法

生物消毒法是利用自然界中广泛存在的微生物在氧化分解污物（如垫草、粪便等）中的有机物时所产生的大量热能来杀死病原体。在畜禽养殖场中最常用是粪便和垃圾的堆积发酵，它是利用嗜热细菌繁殖产生的热量杀灭病原微生物。但此法只能杀灭粪便中的非芽孢性病原微生物和寄生虫卵，不适用于芽孢菌及患危险疫病畜禽的粪便消毒。粪便和土壤中有大量的嗜热菌、噬菌体及其他抗菌物质，嗜热菌可以在高温下发育，其最低温度界限为35℃，适温为50～60℃，高温界限为70～80℃。在堆肥内，开始阶段由于一般嗜热菌的发育使堆肥内的温度高到30 ~ 35℃，此后嗜热菌便发育而将堆肥的温度逐渐提高到60 ~ 75℃，在此温度下大多数病毒及除芽孢以外的病原菌、寄生虫幼虫和虫卵在几天到6周内死亡。粪便、垫料采用此法比较经济，消毒后不失其作为肥料的价值。生物消毒方法多种多样，在畜禽生产中常用的有地面泥封堆肥发酵法和坑式堆肥发酵法等。

一、地面泥封堆肥法

堆肥地点应选择在距离畜舍、水池、水井较远处。挖一宽3米、两侧深25厘米向中央稍倾斜的浅坑，坑的长度据粪便的多少而定。坑底用黏土夯实。用小树枝条或小圆棍横架于中央沟上，以利于空气流通。沟的两端冬天关闭，夏天打开。在坑底铺一层30 ~ 40厘米厚的干草或非传染病的畜禽粪便。然后将要消毒的粪便堆积于上。粪便堆放时要疏松，掺10%马粪或稻草。干粪需加水浸湿，冬天应加热水。粪堆高1.2米。粪堆好后，在粪堆的表面覆盖一层厚10厘米的稻草或杂草，然后再在草外面封盖一层10厘米厚的泥土。这样堆放1 ~ 3个月后即达消毒目的。

二、坑式堆肥发酵法

在适当的场所设粪便堆放坑池若干个，坑池数量和大小视粪便的多少而定。坑池内壁最好用水泥或坚实的黏土筑成。堆粪之前，在坑底垫一层稻草或其他秸秆，然后堆放待消毒的粪便，粪便上方再放一层稻草或健康畜禽的粪便，堆好后表面加盖约10厘米厚的土或草泥。粪便堆放发酵1 ~ 3个月即达目的。堆肥发酵时，若粪便过于干燥，应加水浇湿，以便其迅速发酵。另外，在生产沼气的地方，可把堆放发酵与生产沼气结合在一起。值得注意的是，生物发酵消毒法不能杀灭芽孢。因此，若粪便中含有炭疽杆菌、气肿杆菌等芽孢杆菌时，则应焚毁或加有效化学药品处理。

（一）微生物的数量

堆肥是多种微生物作用的结果，但高温纤维分解菌起着更为重要的作用。为增加高温纤维菌的含量，可加入已腐熟的堆肥土（10%～20%）。

（二）堆料中有机物的含量

有机物的含量达25%以上，碳氮比例（C：N）为25：1。

（三）水分

水分含量以30%～50%为宜，过高会形成厌氧环境，过低会影响微生物的繁殖。

（四）pH值

pH值为中性或弱碱性环境适合纤维分解菌的生长繁殖。为减少堆肥过程中产生的有机酸，可加入适量的草木灰、石灰等调节pH值。

（五）空气状况

需氧性堆肥需氧气，但通风过大会影响堆肥的保温、保湿、保肥，使温度不能上升到50～70℃。

（六）堆表面封泥

堆表面封泥对保温、保肥、防蝇和减少臭味都有较大作用，一般以5厘米厚为宜，冬季可增加厚度。

（七）温度

堆肥内温度一般以50～60℃为宜，气温高有利于堆肥效果和堆肥速度。

三、沼气发酵法

沼气的主要成分是甲烷（60%～70%）、CO_2（25%～40%）及少量的O_2、H_2、CO、H_2S，所以，氮素损失很少，产气后的渣汁（含较高的N、P、微量元素及维生素等）是池塘的良好投入物质。产气过程中，人畜粪便、垃圾、杂草等有机物在厌氧环境中，在厌氧菌（主要是甲烷发酵菌）的作用下，复杂的有机物（如纤维素、脂肪等）被分解成糖和低级脂肪酸（如乙酸、丁酸等）、甲烷、二氧化碳、少量热量和菌体蛋白。

要使沼气顺利生产，必须具备下列条件：一是良好的厌氧环境（发酵池要严格密闭）；二是适量的有机物和水分［畜禽等有机物与污水比例是1∶（1.5～3）］；三是适当的温度（25～35℃）；四是适宜的pH值（6.5～8.5）（因有机物发酵过程中不断产生有机酸，若发酵液过酸时，可加入石灰等碱性物质中和）和合理的C∶N比例（25∶1）。

【附】中药消毒法

中药消毒法是近年来兴起的一项消毒技术（主要用于室内空气净化消毒），其机理是药物成分随烟雾与高热的产生直接作用于蛋白质上的氨基、巯基等部位，使微生物新陈代谢发生障碍而死亡。中药消毒一方面起到空气消毒作用，另一方面中草药的芳香可以起到净化空气，满足防病、优化环境的作用，还具有价格低廉，无副作用，气味芳香，不刺激眼睛、皮肤及呼吸道黏膜，对仪器设备无腐蚀，消毒过程人员无需避让等优点，所以中药消毒剂相关产品的研发不仅有重要的社会意义，而且有广阔的市场前景，也可以根据生产情况在养殖业中推广应用。常用来进行空气消毒的中草药有金银花、板蓝根、黄芩、连翘、鱼腥草、薄荷、藿香、苍术、艾叶等。中药消毒方法主要有热挥散法、气溶胶法。

（一）热挥散法消毒

热挥散法消毒是通过加热使中草药中的有效成分挥散于空气中从而进行消毒的方法。其方法有药液煮沸法、药材烟熏法、电热散香法都属于热挥散法。

1. 药液煮沸法

药液煮沸法是将中草药直接加水煮沸，或提取制成消毒液后加热煮沸，使蒸汽均匀弥散于被消毒空间的消毒方法。如金银花、连翘、蒲公英、紫花地丁各30克，置室内加水2千克，煮沸30分钟进行空气消毒，消毒后比消毒前的菌株数量明显减少；如用苍术、薄荷、藿香、黄连、连翘、贯众等加水1000毫升煮沸30分钟，同样消毒后菌落数量明显减少；如用苍术、荆芥、丁香、薄荷等制成消毒剂，在1米³消毒柜内，按240毫克/小时速度加热蒸发90分钟，可将空气中的金色葡萄珠菌100％杀灭；在70米³室内，按240毫克/小时速度将药液煮沸60分钟，可杀灭空气中自然菌69.73％。

2. 药材烟熏法

（1）直接烟熏法 直接烟熏法为流传最早的中医传统空气消毒法，将单味药材直接或加乙醇助燃剂浸泡后点燃，烟熏空气进行消毒。古人就有用苍术、白芷烟熏避瘟的习惯；民间端午节有用苍术、艾叶熏房间以驱瘴、除秽的习俗。如用艾条20克，在室内点燃1小时，消毒合格率达94.4％。艾条按1.7克/米³用量，在室中央点燃烟熏1小时，其空气合格率可达94.4％。葛朝珍等观察了艾叶烟熏的抑菌作用，发现艾叶烟熏20分钟后可抑制金黄色葡萄球菌和乙型溶血型链球菌，熏30分钟可抑制大肠杆菌，熏50分钟可抑制铜绿假胞菌。

（2）**燃香烟熏法**　燃香烟熏法是指药材按一定的比例混合，加助燃剂，卷制成药香，点燃后烟熏空气进行消毒的方法。用艾叶、苍术、石菖蒲按照3：1：1比例，混合制成燃香，按15克/米³的用量烟熏消毒，通过与紫外线消毒的方法进行对比，结果中药对霉菌的杀灭效果明显优于紫外线。用诃子和艾叶按比例卷成药条，按0.5克/米³的用量烟熏消毒，通过与同剂量艾条烟熏法（成分：艾条、丁香、干姜、苍术、川椒）和紫外线照射法对比，结果用艾条、诃子烟熏法消毒后，空气中细菌含量平均减少96.8％，其效果优于紫外线照射法和艾条烟熏法。用香薷、藿香、白芷等制成燃香，按0.37～0.54克/米³的用量，烟熏消毒30～60分钟，其消毒效果与紫外线照射、甲醛熏蒸法和乳酸熏蒸法不存在明显差异，完全可达到空气消毒标准。用金黄色葡萄球菌、大肠杆菌、链球菌等高度敏感的苍术、白芷、金银花等中草药加助燃剂制成燃香，按2克/米³用量点燃密闭6～12小时，与40％甲醛熏蒸法（12克/米³，加高锰酸钾6克）进行对比，两种方法，均达到国家卫生学标准（细菌菌落数＜群体形成单位/厘米³），结果无显著差异（$P > 0.05$）。

（3）**药片烟熏法**　药片烟熏法是指药材粉碎后加助燃剂压

成药片，点燃烟熏空气消毒。该方法具有燃烧迅速、烟雾显著却无明显烟尘、刺激性小的特点。用艾叶、苍术、蛇床子、茵陈、黄柏等中药加工成中药空气消毒片，点燃药片，空气中自然菌平均消除率可达80.09%，观察到烟味明显、无明显烟尘降落、无明显刺激性。用艾叶、苍术、蛇床子、茵陈、黄柏、香薷、白芷、藿香等粉碎后加助燃剂制成片，按0.3克/米^{3}的用量，点燃烟熏，其结果达到要求，对金黄色葡萄球菌、大肠杆菌的杀菌效果明显。

3. 电热散香法

（1）**药片散热法** 药片散热法是将中草药按一定工艺制成药片，使用时利用加热装置加热散香，进行空气消毒。如将有效成分为植物杀菌活性物质的空气清菌片加热，将有效成分挥散空气中，结果表明，空气清菌片在30分钟后开始起效，并有持续的消毒效果，消毒1小时后，室内细菌消亡率为65.24%。用丁香、黄柏、陈皮、蒿本等制成草留香中药空气杀菌消毒剂，加热散香，结果表明，草留香作用2小时，空气中自然菌减少90.08%，30分钟和60分钟的杀菌率分别为59.62%和80.10%。

（2）**浸润散香法** 浸润散香法是对药材有效成分进行提取精制，将蚊香片空白基质浸于提取液1分钟，利用电蚊香加热散香，进行空气消毒。用艾叶、藿香、苍术、丁香、丹皮、金银花等提取有效成分，浸于空白电蚊香片1分钟。晾干，使用时电蚊香加热挥发，结果表明该消毒剂在2小时内有持续消毒效果，以1小时时消毒效果最佳。

电热散香法使用方便、安全、效果好，杀菌效果明显优于紫外线，对流感病毒、乙型溶血性链球菌及肺炎球菌的杀菌率达

100%，适于推广应用。

（二）气溶胶法消毒

气溶胶法消毒是用喷雾器将药材提取液均匀喷雾到空气中的消毒方法。该方法不仅具有消毒作用，而且还具有沉降尘埃，湿化、清新空气的特点，现越来越受到关注，其缺点是药液易对墙壁、衣物等造成染色。

1. 中药气雾剂

提取中草药有效成分，加入一些挥发性有机物做成气雾剂。以板蓝根、苍术、薄荷、藿香等制成的空气清新剂与紫外线照射、84消毒液喷雾、艾条烟熏进行空气消毒的样本作细菌总数动态比较，结果其消毒效果好于其他3种方法。同时，气雾剂罐装成品使用方便，雾粒微小轻细，分布均匀，便于扩散，但罐内以挥发性有机物作抛射剂成本较高，特别是以丙烷、丁烷、二甲醚等挥发性有机物作抛射剂，会造成空气二次污染，使用范围受到限制。

2. 药液喷雾法

药液喷雾法是将药材用水或有机溶剂提取其有效成分并进行精制，利用喷雾器将提取液均匀喷雾到被消毒空间进行消毒的方法。将板蓝根、大青叶、贯众、金银花、黄芩等用乙醇浸泡制成消毒液，加入香精后喷雾消毒。实验结果表明，对金黄色葡萄球菌杀灭力强，对大肠杆菌也有抑制作用，对室内空气中细菌的杀灭率为50.8%～70.89%。用千里光、荆芥、连翘等中药配制成空气消毒液（含量为160毫克/毫升）喷雾消毒，结果表明，在5

分钟、10分钟、20分钟对金黄色葡萄球菌杀灭率均在99.94％以上。用大青叶、连翘、板蓝根、金银花、艾叶等中草药制备而成的青连消毒原液按1毫升/米³均匀喷雾，对金黄色葡萄球菌、大肠杆菌、白色念珠菌作用5分钟杀灭率分别是98.23％、99.03％、97.40％；作用10分钟对金黄色葡萄球菌、大肠杆菌、白色念珠菌杀灭率均为100％。

第三章
养殖场常用的消毒设备设施

Chapter 03

养殖场的消毒设备也根据消毒的方法、消毒的性质不同有多种。消毒工作中，要根据具体消毒对象的特点和消毒要求确定和选择消毒设备，注意各种消毒设备在操作中的事项，提高消毒的效果。

第一节 物理消毒法使用的设备及使用方法

养殖场物理消毒主要有紫外线照射、机械清扫、洗刷、通风换气、干燥、煮沸、蒸汽消毒、火焰焚烧等。依照消毒的对象、环节不同需要配备相应的消毒设备，并掌握使用的方法。

一、机械清扫、冲洗设备

高压清洗机（图3-1）的用途主要是冲洗养殖场场地、畜舍建筑、养殖场设施、设备、车辆等。高压清洗机设计上应非常紧凑，电动机与泵体可采用一体化设计；现以最大喷洒量为450升/小时的产品为例对主要技术指标和使用方法进行介绍。它主要由高压管及喷枪柄、喷枪杆、三孔喷头、洗涤剂液箱以及系列控制调节件组成。内藏式压力表置于枪柄上；三孔喷头药液喷洒可在强力、扇形、低压三种喷嘴状态下进行。操作时连续可调的压力和流量控制，同时设备带有溢流装置及带有流量调节阀的清洁剂入口，使整个设备坚固耐用，方便操作。

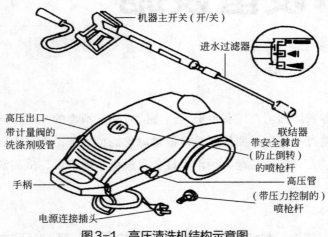

图3-1 高压清洗机结构示意图

二、紫外线灯

紫外线灯（低压汞灯）的用途是进行空气及物体表面的消毒。紫外线杀菌效率与其能量的波长有关，一般能量在波长为250～260纳米范围内的紫外线杀菌效率最高。

常用的是热阴极低压汞灯，是用钨制成双螺旋灯丝，涂上碳酸盐混合物，通电后发热的电极使碳酸盐混合物分解，产生相应的氧化物，并发射电子，电子轰击灯管内的汞蒸气原子，使其激发产生波长为253.7纳米的紫外线。国内消毒用紫外线灯光的波长绝大多数在253.7纳米左右。有较强的杀灭微生物的作用，普通紫外线灯管由于照射时辐射部分184.9纳米波长的紫外线，故可产生臭氧，也称有臭氧紫外线灯（低臭氧紫外线灯的灯管玻璃中含有可吸收波长小于200纳米紫外线的氧化钛，所以产生的臭氧量很小；高臭氧紫外线灯在照射时可辐射较大比例184.9纳米波长的紫外线，所以产生较高浓度的臭氧）。目前市售的紫外线灯有多种形式，如直管形、H形、U形等，功率从几瓦到几十瓦不等，使用寿命在300小时左右。

（一）使用方法

1. 固定式照射

将紫外线灯悬挂、固定在天花板或墙壁上，向下或侧向照射。该方式多用于需要经常进行空气消毒的场所，如兽医室、进场大门消毒室、无菌室等。

2. 移动式照射

将紫外线灯（图3-2）管装于活动式灯架下，适于不需要经常进行消毒或不便于安装紫外线灯管的场所。消毒效果依据照射强度不同而异，如达到足够的辐射度值，同样可获得较好的消毒效果。

图3-2　紫外线灯

（二）注意事项

1. 加强紫外线灯的管理

选用合适反光罩，增强紫外线灯光的辐照强度。注意保持灯管的清洁，定期清洁灯管。使用时，不要频繁开闭紫外线灯，以延长紫外线灯的使用寿命。

2. 安全使用

照射消毒时，应关闭门窗。人不应该直视灯管，以免伤害眼睛（紫外线可以引起结膜炎和角膜炎）。人员照射消毒时间为20～30分钟。

3. 根据环境变化调节照射强度和剂量

空气消毒时，许多环境因素会影响消毒效果，如空气的湿度和尘埃能吸收紫外线；空气尘粒每立方厘米为800～1000个，杀菌效果将降低20%～30%；因此在湿度较高和粉尘较多时，应适当增加紫外线的照射强度和剂量。

三、干热灭菌设备

（一）热空气灭菌设备

热空气灭菌设备主要有电热鼓风干燥箱（图3-3），用途是对玻璃仪器如烧杯、烧瓶、试管、吸管、培养皿、玻璃注射器、针头、滑石粉、凡士林以及液体石蜡等灭菌，按照兽医室规模进行配置。

图3-3　电热鼓风干燥箱

　　使用中注意在干热的情况下，由于热的穿透力低，灭菌时间要掌握好，一般细菌繁殖体在100℃经1.5小时才能杀死，芽孢140℃经3小时杀死，真菌孢子100～115℃经1.5小时杀死。灭菌时也可将待灭菌的物品放进烘箱内，使温度逐渐上升到160～180℃，热穿透至被消毒物品中心，经2～3小时可杀死全部细菌及芽孢。

（二）火焰灭菌设备

　　火焰灭菌设备主要有火焰专用型喷灯和喷雾火焰兼用型，直接用火焰灼烧，可以立即杀死存在于消毒对象的全部病原微生物。

1. 火焰喷灯

　　火焰喷灯是利用汽油或煤油作燃料的一种工业用喷灯。因喷出的火焰具有很高的温度，所以在实践中常用以消毒各种被病原体污染的金属制品，如管理家畜用的用具、金属的笼具等。但在消毒时不要喷烧过久，以免将消毒物烧坏，在消毒时还应有一定的顺序，以免发生遗漏（图3-4）。

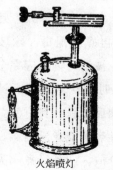

火焰喷灯　　　　　　　　喷雾火焰兼用型

图3-4　火焰灭菌设备

2. 喷雾火焰兼用型

喷雾火焰兼用型产品特点是使用轻便，适用于大型机种无法操作之地方；易于携带，适宜室内外、小及中型面积处理，方便快捷；操作容易；采用全不锈钢，机件坚固耐用。兼用型除上述特点外，还可节省药剂，可根据被使用的场所和目的，用旋转式药剂开关来调节药量；节省人工费用，用1台烟雾消毒器能达到10台手压式喷雾器的作业效率；消毒器喷出的直径5～30微米的小粒子形成雾状浸透在每个角落，可达到最大的消毒效果（图3-4）。

四、湿热灭菌设备

（一）煮沸消毒设备

煮沸消毒设备主要有消毒锅，适用于消毒器具、金属、玻璃制品、棉织品等。消毒锅一般使用金属容器。煮沸消毒简单、实用、杀菌能力比较强、效果可靠，是最古老的消毒方法之一。煮沸消毒时间要求水沸腾后5～15分钟。一般水温能达到100℃，细菌繁殖体、真菌、病毒等可立即死亡，而细菌芽孢需要的时间比较长，要15～30分钟，有的要几个小时才能杀灭。煮沸消毒注意事项：一是先清洗被消毒物品后再煮沸消毒，除玻璃制品外，其他消毒物品应在水沸腾后加入，被消毒物品应完全浸于水中，不超过消毒锅总容量的3/4；消毒时间从水沸腾后计算，消毒过程中如中途加入物品，需待水煮沸后重新计算时间。二是棉织品的消毒应适当搅拌，一些塑料制品等不能煮沸消毒。三是消毒注射器材时，针筒、针头等应拆开分放。四是经煮沸灭菌的物品，"无菌"有效期不超过6小时。

（二）蒸汽灭菌设备

蒸汽灭菌设备主要有手提式下排气式压力蒸汽灭菌锅和高压灭菌器。

1. 手提式下排气式压力蒸汽灭菌锅

手提式下排气式压力蒸汽灭菌锅（图3-5）是畜牧生产中兽医室、实验室等部门常用的小型高压蒸汽灭菌器，容积约18升，重10千克左右，这类灭菌器的下部有个排气孔，用来排放灭菌器内的冷空气。

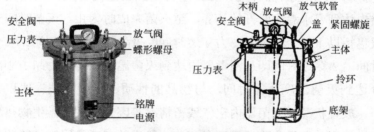

图3-5　高压灭菌锅及结构图

（1）操作方法

① 在容器内盛水约3升（如为电热式则加水至覆盖底部电热管）。

② 将要消毒物品连同盛物的桶一起放入灭菌器内，将盖子上的排气软管插于铝桶内壁的方管中。

③ 盖好盖子，拧紧螺丝。

④ 加热，在水沸腾后1～15分钟，打开排气阀门，放出冷空气，待冷气放完关闭排气阀门，使压力逐渐上升至设定值，维持预定时间，停止加热，待压力降至常压时，排气后即可取出被消毒物品。

⑤ 若消毒液体时，则应慢慢冷却，以防止因减压过快造成液体的猛烈沸腾而冲出瓶外，甚至造成玻璃瓶破裂。

（2）压力蒸汽灭菌的注意事项

① 消毒物品的预处理。消毒物品应先进行洗涤，再用高压灭菌。

② 压力蒸汽灭菌器内空气应充分排除。如果压力蒸汽灭菌器内空气不能完全排出，此时尽管压力表可能已显示达到灭菌压力，但被消毒物品内部温度低、外部温度高，蒸汽的温度达不到要求，导致灭菌失败。所以空气一定要完全排除掉。

③ 灭菌时间应合理计算。压力蒸汽灭菌的时间，应由灭菌器内达到要求温度时开始计算，至灭菌完成时为止。灭菌时间一般包括以下三个部分：热力穿透时间、微生物热死亡时间、安全时间。热穿透时间即从消毒器内达到灭菌温度至消毒物品中心部分达到灭菌温度所需时间，与物品的性质、包装方法、体积大小、放置状况、灭菌器内空气残留情况等因素有关。微生物热死亡时间即杀灭微生物所需要时间，一般用杀灭嗜热脂肪杆菌芽孢的时间来表示，115℃为加30分钟，121℃为12分钟，132℃为2分钟。安全时间一般为微生物热死亡时间的一半。一般下排式压力蒸汽灭菌器总共所需灭菌时间是115℃为30分钟，112℃为20分钟，126℃为10分钟；此处的温度是根据灭菌器上的压力表所示的压力数来确定的，当压力表显示6.40千克/6.45厘米³（15磅/2），灭菌器内温度为121℃；9.07千克/6.45厘米³（20磅/2）为126℃。

④ 消毒物品的包装不能过大，以利于蒸汽的流通，使蒸汽易于穿透物品的内部，使物品内部达到灭菌温度。另外，消毒物品的体积不超过消毒器容积的85%，消毒物品的放置应合理，物品之间应保留适当的空间利于蒸汽的流通，一般垂直放置消毒物

品可提高消毒效果。

⑤ 加热速度不能太快。加热速度过快，使温度很快达到要求温度，而物体内部尚未达到（物品内部达到所需温度需要较长时间），致使在预定的消毒时间内达不到灭菌要求。

⑥ 注意安全操作。由于要产生高压，所以安全操作非常重要。高压灭菌前应先检查灭菌器是否处于良好的工作状态，尤其是安全阀是否良好；加热必须均匀，开启或关闭送气阀时动作应轻缓；加热和送气前应检查门或盖子是否关紧；灭菌完毕后减压不可过快。

2. 高压灭菌器

高压灭菌器（图3-6）系列产品是利用压力饱和蒸汽对产品进行迅速而可靠的消毒灭菌设备，适用于医疗卫生、科研、农业等单位，对医疗器械、敷料、玻璃器皿、溶液培养基等进行消毒灭菌，是理想的消毒设备。

图3-6　高压灭菌器

五、紫外线消毒器

紫外线为波长介于16 ～ 397纳米的电磁波，其光子能量较低，不足以使原子或分子电离。根据波长可将紫外线分为A波、B波、C波和真空紫外线。消毒灭菌用的紫外线是C波紫外线，其波长范围是200～275纳米，杀菌作用最强的波段是250～270纳米，在此波段会产生足够剂量的强紫外光照射到液体或空气中，瞬间破坏各种细菌、病毒等微生物细胞组织中的DNA、RNA。紫外线属广谱杀菌类，能杀死一切微生物，包括细菌、结核菌、病毒、芽孢和真菌。

1. 紫外线空气消毒机

紫外线消毒机（图3-7）主要由复合过滤网（初效+中效+活性炭+光触媒）、工作风道、超强紫外线灯管、负离子器、超静风机、液晶操作运行监控系统、机壳组成。

超静风机将密闭房间中的部分污浊空气吸入机器内部，通过复合过滤网将空气中的大小尘埃滤除，通过安装在过滤网进风面的超强紫外线灯对流动空气中的细菌进行瞬间杀灭，将已滤除尘埃和已杀灭细菌的洁净空气送回到房间，洁净空气快速循环流动从而达到空气净化和杀菌的目的。紫外线空气消毒机对白色葡萄球菌的杀灭率≥99.9%，对空气中自然菌杀灭率≥90%。

遥控器　　　　主机

图3-7　紫外线消毒机

2. 紫外线水消毒器

　　紫外线水消毒器（图3-8）筒体常用不锈钢或铝合金制造，内壁多作抛光处理以提高对紫外线的反射能力和增强辐射强度，还可根据处理水量的大小调整紫外灯的数量。有的消毒器在筒体内壁加装了螺旋形叶片以改变水流的运动状态而避免出现死水和管道堵塞，所产生的紊流以及叶片锋利的边缘会打碎悬浮固体，使附着的微生物完全暴露于紫外线的辐射中，提高了消毒效率。紫外线水消毒器杀菌速度很快、效果好，对细菌、病毒一般在1～2秒即可达到99%～99.9%的杀菌率；筒体采用食品级不锈钢，操作简单、管理方便。常见的紫外线水消毒器技术参数见表3-1。

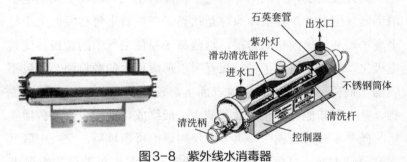

图3-8　紫外线水消毒器

表3-1　常见紫外线消毒器技术参数

型号	处理量/（吨/小时）	进口管径/毫升	功率/瓦	外形尺寸/毫米	工作压力/千帕
ZXB-15	0.5	15	15	50×500	0.4
ZXB-40	1.5～2	25	40	75×900	0.6
ZXB-55	3～4	32	55	75×1200	0.6
ZXB-75	5～6	32	75	75×900	0.6
ZXB-100	7～8	50	100	75×1100	0.6

续表

型号	处理量/（吨/小时）	进口管径/毫升	功率/瓦	外形尺寸/毫米	工作压力/千帕
ZXB-120	9～10	50	120	75×1300	0.6
ZXB-150	12～15	65	150	159×900	0.6
ZXB-200	18～20	65/80	200	159×1100	0.6
ZXB-240	22～25	80	240	159×1300	0.6

六、电子消毒器

国外发明了一种利用专门电子仪器将空气高能离子化的电子消毒器（图3-9）。其工作原理是从离子产生器上每秒发射上千亿个离子，并迅速向空间传播，这些离子吸住空气中的微粒并使其电极化，导致正负离子微粒相互吸引形成更大的微粒团，重量不断增加而降落并吸附到物体表面上，使空气微粒中的病原微生物、氨气和其他有机微粒显著减少，最终成功地减少气源传播疾病的概率。有试验表明，鸡舍中使用该消毒器以后，空气中氨气含量降低45%，空气中细菌减少40%～60%，鸡的死亡率降低36%，鸡的增重加快。

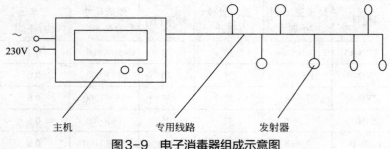

图3-9　电子消毒器组成示意图

第二节 化学消毒法使用的设备

一、喷雾器

（一）背负式手动喷雾器

主要用于包括对场地、畜舍、设施和带畜（禽）的喷雾消毒。产品结构简单，保养方便，喷洒效率高。常见的背负式手动喷雾器见图3-10。

图3-10　常见的背负式手动喷雾器

（二）机动喷雾器

按照喷雾器的动力来源可分为手动型、机动型，按使用的消毒场所可分背负式、可推式、担架式等，见图3-11。常用于场地消毒以及畜舍消毒使用。本设备特点是有动力装置，重量轻，振动小，噪声低，高压喷雾，高效、安全、经济、耐用，用少量的液体即可进行大面积消毒，且喷雾迅速。

高压机动喷雾器主要结构是喷管、药水箱、燃料箱、高效二冲程发动机。使用时注意事项：一是操作者喷雾消毒时应穿戴防护服，用防护面具或安全护目镜；二是避免对现场第三方造成伤害；三是每次使用后，及时清理和冲洗喷雾器的容器和有关与化学药剂相接触的部件以及喷嘴、滤网、垫片、密封件等易耗件，以避免残液造成腐蚀和损坏。

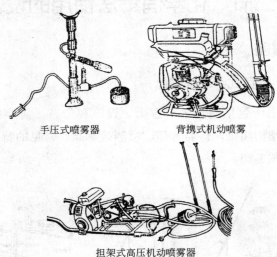

手压式喷雾器　　背携式机动喷雾

担架式高压机动喷雾器

图3-11　高压机动喷雾器

（三）手扶式喷洒机（图3-12）

　　用于大面积喷洒环境消毒，尤其在疫区环境消毒防疫中使用。产品特点是二冲程发动机强劲有力，不仅驱动着行驶，而且驱动着辐射式喷洒及活塞膜片式水泵；进、退各两档使其具有爬坡能力及良好的地形适应性；快速离合及可调节手闸保证在特殊的山坡上也能安全工作。主要结构是较大排气量的二冲程发动机，带有变速装置（如前进/后退）。药箱容积相对较

图3-12　手扶式高压机动喷雾器

大，适宜连续消毒作业。每分钟喷洒量大，同时具有较大的喷洒压力，可短时间胜任大量的消毒工作。

（四）畜禽舍自动喷雾消毒设备

各种集中饲养的畜禽舍，喷雾消毒对防治各种畜禽疾病感染有着重要的作用。自动喷雾消毒系统可以喷洒各种消毒剂、杀菌剂、除臭剂，也可喷水增加空气湿度，调节环境温度。

该系统主要部件是高位液箱、电动离心喷头和整流器。液箱、过滤器、控制器均设在畜禽舍外，作业人员可在舍外控制喷雾，既避免了药液对人体的危害，也不惊扰畜禽。

主要工作原理是利用高效电动离心转盘雾化器，使药液充分雾化成细小雾滴，在空气中缓慢下沉，杀灭空气中病原微生物（如果喷雾药物，使畜禽吸入体内，可达到防病目的）。本系统设有自动控制装置，能自动调节空气湿度，实现自动定时、定量喷雾；也可安装人工控制装置，在任意时间内进行喷雾，二者由用户选定。

主要技术参数：单个喷头配套电机功率仅为3～5瓦，喷量在100～500毫升/分范围内可调，雾滴直径控制在20～100微米之间。该系统每20米^{2}只需配置一个喷头。使用本系统在鸡舍内进行0.2%的过氧乙酸或次氯酸钠喷雾，有效地控制了鸡群鼻炎的传染，使鸡群的产蛋率提高30%，经济效益增加20%～30%。喷雾系统喷头见图3-13。

图3-13　喷雾系统喷头

二、消毒液机

（一）用途

现用现制快速生产含氯消毒液。适用于畜禽养殖场、屠宰场、运输车船、人员防护消毒以及发生疫情的病原污染区的大面积消毒。由于消毒液机使用的原料只是常见的食盐、水、电，操作简便，具有短时间内就可以生产大量消毒液的能力，另外用消毒液机电解生产的含氯消毒剂是一种无毒、刺激性小的高效消毒剂，不仅适用于环境消毒、带畜消毒，还可用于食品的消毒、饮用水的消毒、洗手消毒等，对环境造成的污染小。消毒液机这些特点对需要进行完全彻底的防疫消毒、人畜共患病疫区的综合性消毒防疫以及减少运输、仓储、供应等环节的意外防疫漏洞具有特殊的使用优势。

（二）工作原理

消毒液机的工作原理是以盐和水为原料，通过电化学方法生产含氯消毒液。消毒液机采用先进的电解模式BIVT技术，生产次氯酸钠、二氧化氯复合消毒剂，其中的二氧化氯高效、广谱，安全、日持续时间长。次氯酸钠、二氧化氯形成了协同杀菌作用，从而具有更高的杀菌效果。例如，次氯酸钠杀灭枯草芽孢需要2000毫克/千克、10分钟，而消毒液机生产的复合含氯消毒剂只需要250毫克/千克、5分钟。消毒液机主要结构如图3-14所示。

由于消毒液机产品整体技术水平参差不齐，养殖场在选择消毒机类产品时，主要注意三个方面。第一个方面是消毒机是否能生产复合消毒剂。第二个方面要特别注意消毒机的安全性。畜牧场在选择时应了解有关消毒机的国家标准（GB 121769—1990）的有关规定，在满足安全生产的前提下，选择安全系数高，药液产量、浓度正负误差小，使用寿命长的优质产品。按国标规定，

消毒液特别是排氢量要
精确到安全范围以内。
一般来说，消毒液机在
连续生产时，产率超过
25克/小时，氢气排量
将超出安全范围，容易
引起爆炸等安全事故，
因此必须加装排氢气装
置以及其他调控设备，
才能避免生产过程中出

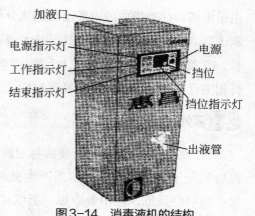

图3-14　消毒液机的结构

现危险。产率小于25克/小时的消毒液机要选择生产精度高的浓
度能控制在5%范围内的产品，防止生产操作误差而造成的排氢
量超标。第三个方面是好的消毒液机使用寿命可高达3万小时，
相当于每天使用8小时可以使用10年时间。

三、臭氧空气消毒机

（一）产品用途

主要用于养殖场的兽医室、大门口消毒室、生产车间的空气消
毒（如屠宰行业的生产车间、畜禽产品的加工车间及其他洁净区的
消毒）。臭氧是一种强氧化杀菌剂，消毒时呈弥漫扩散方式，因此
消毒彻底、无死角，消毒效果好。臭氧稳定性极差，常温下30分
钟后自行分解，因此消毒后无残留毒性，被公认为"洁净消毒剂"。

（二）工作原理

1. **高压放电式臭氧消毒机**

高压放电式臭氧消毒机是使用一定频率的高压电流制造高压

电晕电场，使电场内或电场周围的氧分子发生电化学反应，从而制造臭氧。这种臭氧消毒机具有技术成熟、工作稳定、使用寿命长、臭氧产量大（单机可达1千克/小时）等优点，所以是国内外相关行业使用最广泛的臭氧消毒机

2. 紫外线式臭氧消毒机

紫外线式臭氧消毒机是使用特定波长（185微米）的紫外线照射氧分子，使氧分子分解而产生臭氧。由于紫外线灯管体积大、臭氧产量低、使用寿命短，所以这种消毒机使用范围较窄，常见于消毒碗柜上使用。

3. 电解式臭氧消毒机

电解式臭氧消毒机通常是通过电解纯净水而产生臭氧。这种发生器能制取高浓度的臭氧水，制造成本低，使用和维修简单。但由于有臭氧产量无法增大、电极使用寿命短、臭氧不容易收集等方面的缺点，其用途范围受到限制。目前这种臭氧发生器只是在一些特定的小型设备上或某些特定场所内使用，不具备取代高压放电式发生器的条件。

臭氧空气消毒机（图3-15）主要由臭氧发生器、专用配套电源、风机和控制器等部分组成。臭氧消毒为气相消毒，与直线照射的紫外线消毒相比，不存在死角。由于臭氧极不稳定，其发生量及时间要

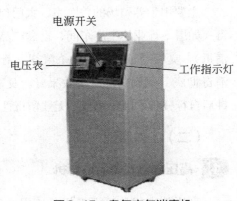

电源开关

电压表

工作指示灯

图3-15　臭氧空气消毒机

视所消毒的空间内各类器械物品所占空间的比例及当时的环境温度和相对湿度而定。要根据需要消毒的空气容积,选择适当的消毒机型号和消毒时间。

第三节 生物消毒法使用的设施

生物消毒常用于废弃物处理,其设施主要有发酵池或沼气池。

一、发酵池

结构见图3-16。

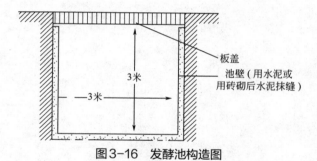

图3-16 发酵池构造图

二、沼气池

结构见图3-17、图3-18。

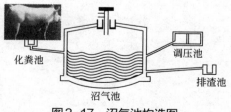

图3-17 沼气池构造图

图3-18 平面式沼气池

第四章
养殖场的常规
消毒

Chapter 04

消毒应是养殖场一项日常性工作。制订好消毒计划，进行全面的、彻底的消毒，才能避免或减少病原的侵入，维持畜禽的安全。

第一节　隔离消毒

一、出入人员的消毒

人们的衣服、鞋子可被细菌或病毒等病原微生物污染，成为传播疫病的媒介。养殖场要有针对性地建立防范对策和消毒措施，防控进场人员，特别是外来人员传播疫病。为了便于实施消毒，切断传播途径，须在养殖场大门的一侧和生产区设更衣室、消毒室和淋浴室，供外来人员和生产人员更衣、消毒。要限制与生产无关的人员进入生产区。

生产人员进入生产区时，要更换工作服（衣、裤、靴、帽等），最好进行淋浴、消毒，并在工作前后洗手消毒。一切可染疫的物品不准带入场内，凡进入生产区的物品必须进行消毒处理。要严格限制外来人员进入养殖场，经批准同意进入者，必须在入口处经喷雾消毒，再更换场方专用的工作服后方准进入，但不准进入生产区。此外，养殖场要谢绝参观，必要时安排在适当距离之外，在隔离条件下参观。

养殖场的入口处，设专职消毒人员和喷雾消毒器、紫外线杀菌灯、脚踏消毒槽（池），对出入的人员实施衣服喷雾或照射消毒和脚踏消毒。

脚踏消毒池消毒是国内外养殖场用得最多的消毒方法，但对消毒池的使用和管理很不科学，影响消毒效果。消毒池中有机物含量、消毒液的浓度、消毒时间长短、更换消毒液的时间间隔、消毒前用刷子刷鞋子等对消毒效果产生影响。实际操作中要注意：一是消毒液要有一定的浓度；二是工作鞋在消毒液中浸泡时间至少达1分钟；三是工作人员在通过消毒池之前先把工作鞋上的粪便刷洗干净，否则不能彻底杀菌；四是消毒池要有足够深度，最好达15厘米深，使鞋子全面接触消毒液；五是消毒液要勤更换，一般大单位（工作人员45人以上）最好每天更换1次消毒液，小单位可每7天更换1次。

衣服消毒要从上到下普遍进行喷雾，使衣服达到潮湿的程度。用过的工作服，先用消毒液浸泡，然后进行水洗。用于工作服的消毒剂，应选用杀菌、杀病毒力强，对衣服无损伤，对皮肤无刺激的消毒剂，不宜使用易着色、有臭味的消毒剂。通常可使用季铵盐类消毒剂、碱类消毒剂及过氧乙酸等做浸泡消毒，或用福尔马林做熏蒸消毒。

淋浴消毒室布局图、一般消毒室布局图和雾化中的人行通道见图4-1～图4-3。

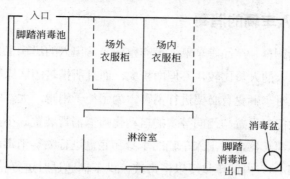

图4-1 淋浴消毒室布局图（种畜场）

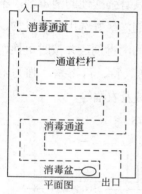

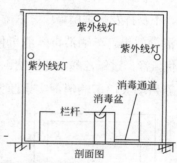

图4-2 一般消毒室布局图

图4-3 雾化中的人行通道

二、出入车辆的消毒

运输饲料、产品等车辆，是养殖场经常出入的运输工具。这类车辆与出入的人员比较，不但面积大，而且所携带的病原微生物也多，因此对车辆更有必要进行消毒。为了便于消毒，大、中型养殖场可在大门口设置与门同等宽的自动化喷雾消毒装置。小型养殖场配备喷雾消毒器，对出入车辆的车身和底盘进行喷雾消毒。消毒槽（池）（图4-4）内铺草垫浸以消毒液，供车辆通过时进行轮胎消毒。有的在门口撒干石灰，那是起不到消毒作用的。车辆消毒应选用对车体涂层和金属部件无损伤的消毒剂，具有强酸性的消毒剂，不适合用于车辆消毒。消毒槽（池）的消毒剂，最好选用耐有机物、耐日光、不易挥发、杀菌谱广、杀菌力强的消毒剂，并按时更换，以保持消毒效果。车辆消毒一般可使用博灭特、百毒杀、强力消毒王、优氯净、过氧乙酸、苛性钠、抗毒威及农福等。

养殖场大门车辆消毒实景图见图4-5。

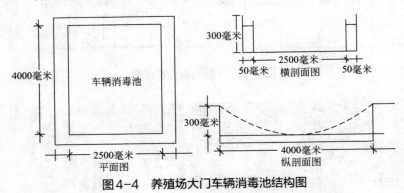

图4-4　养殖场大门车辆消毒池结构图

三、出入设备用具的消毒

装运产品、动物的笼、箱等容器以及其他用具，都可成为传

图4-5　养殖场大门车辆消毒实景图

播疫病的媒介。因此，对由场外运入的容器与其他用具，必须做好消毒工作。为防疫需要，应在养殖场入口附近（和畜禽舍有一定距离）设置容器消毒室，对由场外运入的容器及其他用具等进行严格消毒。消毒时注意勿使消毒废水流向畜禽舍，应将其排入排水沟。

用具消毒设备由淋浴设备和消毒槽两部分组成（图4-6）。在消毒槽内设有蒸气装置，用以进行消毒液加温。消毒液须在每天开始作业前和午前10时与午后1时更换3次，与此同时拔掉槽底的塞子，将泥土、污物等排出洗净。消毒液经蒸气加温，在冬季一般保持在60℃左右，能收到好的消毒效果。温度过高易烫伤消毒作业人员，浪费燃料。消毒时应注意：一是保持消毒液的浓度、温度与作用时间，配制消毒液时须合理计算，按照要求配制，消毒液的温度一般保持在50～60℃，浸泡时间为15～20分钟，多

图4-6　设备消毒示意图

数细菌和病毒可被杀死；二是适时更换消毒液，容器内常附着粪便和其他有机物，会降低消毒效果；三是充分进行水洗，容器内外常附着粪便和其他有机物，如果不洗干净，一些病原微生物不能彻底消灭，所以消毒前要洗刷干净。

第二节　畜禽舍的清洁消毒

畜禽舍是畜禽生活和生产的场所，由于环境和畜禽本身的影响，舍内容易存在和滋生微生物。在畜禽淘汰、转出后或入舍前，对畜禽舍进行彻底的清洁消毒，为入舍畜群创造一个洁净卫生的条件，有利于减少畜禽疾病发生。

一、畜禽舍消毒工作应遵循一定的原则

畜禽舍消毒工作的目的是尽可能地减少病原的数量，消毒工作应遵循如下原则。

（一）所选用的消毒剂应与清洁剂相容

如果所用清洁剂含有阳离子表面活性剂，则消毒剂中应无阴离子物质（酚类及其衍生物如甲酚不能与非离子表面活性剂和阳离子物质如季铵相溶）。

（二）保持消毒物体表面的洁净

大多数消毒应在非常清洁的表面上进行，因为残留的有机物有可能使消毒剂效果降低甚至失活。

（三）设备清洁和消毒的地点要固定

设备清洁和消毒地点固定更有利于卫生管理。

（四）适宜的压力选择

用高压冲洗器进行消毒时，所选的压力要低一些。

（五）注意消毒次序

经化学药液消毒后再熏蒸消毒，能获得最佳的消毒效果。

二、畜禽舍清洁

应用合理的清理程序能有效地清洁畜禽舍及相关环境。好的清洁工作可以清除场内80%的微生物，这将有助于消毒剂能更好地杀灭余下的病原菌。

（一）畜禽舍清理程序

第一步：移走动物并清除地面和裂缝中的垫料后，将杀虫剂直接喷洒于舍内各处。

第二步：彻底清理更衣室、卫生隔离栏栅和其他与禽舍相关场所；彻底清理饲料输送装置、料槽、饲料储器和运输器以及称重设备。

第三步：将在畜禽舍内无法清洁的设备拆卸至临时场地进行清洗，并确保其清洗后的排放物远离禽舍；将废弃的垫料移至畜禽场外，如需存放在场内，则应尽快严密地盖好以防被昆虫利用并转移至临近畜禽舍。

第四步：取出屋顶电扇以便更好地清理其插座和转轴。在墙上安装的风扇则可直接清理，但应能有效地清除污物；干燥的清理难以触及进气阀门的内外表面及其转轴，特别是积有更多灰尘的外层。对不能用水清洁的设备，应该干拭后加盖塑料防护层。

第五步：清除在清理过程并干燥后的畜禽舍中所残留粪便和其他有机物。

第六步：将饮水系统排空、冲洗后，灌满清洁剂并浸泡适当的时间后再清洗。

第七步：就水泥地板而言，用清洁剂溶液浸泡3小时以上，再用高压水枪冲洗。应特别注意冲洗不同材料的连接点和墙与屋顶的接缝，使消毒液能有效地深入其内部。饲喂系统和饮水系统也同样用泡沫清洁剂浸泡30分钟后再冲洗。在应用高压水枪时，出水量应足以迅速冲掉这些泡沫及污物，但注意不要把污物溅到清洁过的表面上。

第八步：泡沫清洁剂能更好地黏附在天花板、风扇转轴和墙壁的表面，浸泡约30分钟后，用水冲下。由上往下，用可四周转动的喷头冲洗屋顶和转轴，用平直的喷头冲洗墙壁。

第九步：清理供热装置的内部，以免当畜禽舍再次升温时，蒸干的污物碎片被吹入干净的房舍；注意水管、电线和灯管的清理。

第十步：以同样的方式清洁和消毒禽舍的每个房间，包括死畜死禽储藏室；清除地板上残留的水渍。

第十一步：检查所有清洁过的房屋和设备，看是否有污物残留。

第十二步：清洗和消毒错漏过的设备。

第十三步：重新安装好畜禽舍内设备，包括通风设备。

第十四步：关闭房舍，给需要处理的物体（如进气口）表面加盖和可移动的防护层。

第十五步：清洗工作服和靴子。

（二）饮水系统的清洁与消毒

对于封闭的乳头饮水系统而言，可通过松开部分的连接点来确认其内部的污物。污物可粗略地分为有机物（如细菌、藻类或霉菌）和无机物（如盐类或钙化物）。可用碱性化合物或过氧化氢去除前者或用酸性化合物去除后者，但这些化合物都具有腐蚀性。确认主管道及其分支管道均被冲洗干净。

1.　封闭的饮水系统

封闭的乳头或杯形饮水系统先高压冲洗，再将清洁液灌满整个系统，并通过闻每个连接点的化学药液气味或测定其pH值来确认是否被充满。浸泡24小时以上，充分发挥化学药液的作用后，排空系统，并用净水彻底冲洗。

2.　开放的饮水系统

开放的圆形和杯形饮水系统用清洁液浸泡2～6小时，将钙化物溶解后再冲洗干净，如果钙质过多，则须刷洗。将带乳头的管道灌满消毒药，浸泡一定时间后冲洗干净并检查是否残留有消毒药；而开放的部分则可在浸泡消毒液后冲洗干净。

三、畜禽舍的消毒步骤

（一）清洁

按照上面的清洁程序进行清洁。

（二）冲洗

用高压水枪冲洗鸡舍的墙壁、地面、屋顶和不能移出的设备用具，不留一点污垢，有些设备不能冲洗可以使用抹布擦净上面的污垢。

（三）消毒药喷洒

畜禽舍冲洗干燥后，用5%～8%的火碱溶液喷洒地面、墙壁、屋顶、笼具、饲槽等2～3次，用清水洗刷饲槽和饮水器。其他不易用水冲洗和火碱消毒的设备可以用其他消毒液涂擦。

（四）移出的设备消毒

畜禽舍内移出的设备用具放到指定地点，先清洗再消毒。如果能够放入消毒池内浸泡的，最好放在3%～5%的火碱溶液或3%～5%的福尔马林溶液中浸泡3～5小时；不能放入池内的，可以使用3%～5%的火碱溶液彻底全面喷洒。消毒2～3小时后，用清水清洗，放在阳光下暴晒备用。

（五）熏蒸消毒

能够密闭的畜禽舍，特别是幼畜舍，将移出的设备用具移入舍内，密闭熏蒸后待用。熏蒸常用的药物用量与作用时间，随甲醛气体产生的方法与病原微生物的种类不同而有差异。在室温为18～20℃、相对湿度为70%～90%时，处理方法见表4-1。

表4-1 甲醛气体熏蒸消毒处理方法

产生甲醛蒸气方法	微生物类型	使用药物与剂量	作用时间/小时
福尔马林加热法	细菌繁殖体	福尔马林12.5～25毫升/米³	12～24
	细菌芽孢	福尔马林25～50毫升/米³	12～24
福尔马林高锰酸钾法	细菌繁殖体	福尔马林42毫升/米³ 高锰酸钾21克/米³	12～12
福尔马林漂白粉法	细菌繁殖体	福尔马林20毫升/米³ 漂白粉20克/米³	12～24
多聚甲醛加热法	细菌芽孢	多聚甲醛10～20克/米³	12～24

续表

产生甲醛蒸气方法	微生物类型	使用药物与剂量	作用时间/小时
醛氯消毒合剂法	细菌繁殖体	醛氯消毒合剂3克/米^3	1
	细菌繁殖体	微囊醛氯消毒合剂3克/米^3	1

第三节　水源的处理消毒 ▶▶▶

　　养殖场水源要远离污染源，水源周围50米内不得设置储粪场、渗漏厕所。水井设在地势高燥处，防止雨水、污水倒流引起污染。定期进行水质检测和微生物及寄生虫学检查。饮用水中常存在大量的细菌和病毒，特别是受到污染的情况下，饮水常常是畜禽呼吸道和消化道疾病最主要传播途径。为了杜绝经水传播疾病的发生和流行，保证畜禽的健康，养殖场可以将水经消毒处理后再让畜禽饮用。

一、养殖场水源的卫生标准

（一）水的卫生学标准

　　水的卫生学标准根据使用目的不同分畜禽饮用水水质标准和畜禽产品加工用水水质标准。在GB/T 18407.3—2001《无公害畜禽肉产地环境要求》中，规定了无公害畜禽肉产地环境要求、试验方法、评价原则、防疫措施及其他要求，适用于畜禽养殖场、屠宰场、畜禽类产品加工厂以及产品运输储存单位。因此对畜牧场水源的卫生学标准必须在执行GB/T 18407.3—2001的基础上，具体落实到NY 5027—2001无公害食品《畜禽饮用水水质标准》

（表4-2）以及NY 5028—2001无公害食品《畜禽产品加工用水水质标准》上。

表4-2　畜禽饮用水水质标准

项目	指标	畜（禽）标准
感官性状及一般化学指标	色度	≤30
	浑浊度	≤20
	臭和味	不得有异臭异味
	肉眼可见物	不得含有
	总硬度（$CaCO_2$计mg/L）	≤1500
	pH值	5.0～5.9（6.4～8.0）
	溶解性总固体/（mg/L）	≤1000（1200）
	氯化物（以Cl计）/（mg/L）	≤1000（250）
	硫酸盐（以SO_4^{2-}计）/（mg/L）	≤500（250）
细菌学指标	总大肠杆菌群数/（个/100ml）	成畜≤10；幼畜和禽≤1
毒理学指标	氟化物（以F^-计）/（mg/L）	≤2.0
	氰化物/（mg/L）	≤0.2（0.05）
	总砷/（mg/L）	≤0.2
	总汞/（mg/L）	≤0.01（0.001）
	铅/（mg/L）	≤0.1
	铬/（六价）/（mg/L）	≤0.1（0.05）
	镉/（mg/L）	≤0.05（0.01）
	硝酸盐（以N计）/（mg/L）	≤30

（二）水的细菌学指标

　　评价水的质量指标主要有水的感官性状、化学性状、毒理学指标和细菌学指标。水的感官性状、化学性状、毒理学指标反映了水质受到有毒有害物质的污染情况，而细菌学指标反映了水受到微生物污染的状况。饮用水应不含病原微生物、寄生虫、虫卵及水生植物，有毒物质不超过最大允许浓度，微量元素不能低于正常值。水中可能含有多种细菌，其中以埃希氏杆菌属、沙门氏菌属及钩端螺旋体属最为常见。评价水质卫生的细菌学指标通常有细菌总数和大肠菌群数。虽然水中的非致病性细菌含量较高时可能对动物机体无害，但在饮水卫生要求上总的原则是水中的细菌越少越好。

畜禽饮用水每100毫升的细菌总数成年家畜应不超过10个，幼龄家畜和禽类应不超过1个。饮用水只要加强管理和消毒，一般能达到此标准。至于作为饮用水的水源，对水源水质中大肠菌群数的限量，我国生活饮用水卫生标准（GB 5749—1985）规定：若只经过加氯即供作生活饮用的水源水，总大肠菌群平均每升不得超过1000个，经过净化处理及加氯消毒后供作生活饮用的水源水，总大肠菌群平均每升不得超过10000个。这一规定也可适用于畜牧饮用水源水质的要求。美国国家事务局（1973）建议，家畜饮用水水源中大肠菌群数应不超过5000个/100毫升。

细菌学检查特别是肠道菌的检查，可作为水受到动物性污染及其污染程度的有力根据，在流行病学上具有重要意义。在实际工作中，通常以检验水中的细菌总数和大肠杆菌总数来间接判断水质受到人畜粪便等的污染程度，再结合水质理化分析结果综合分析，才能正确而客观地判断水质。

1. 细菌总数

于37℃培养24小时后所生长的细菌菌落数。但在人工培养基上生长繁殖的仅仅是适合于实验条件的细菌菌株，不是水中所有的细菌都能在这种条件下生长，所以细菌总数并不能表示水中全部细菌，也无法说明究竟有无病原菌存在细菌总数。只能用于相对地评价水质是否被污染和污染程度。当水源被人畜粪便及其他物质污染时，水中细菌总数急剧增加。因此，细菌总数可作为水被污染的指标。

2. 大肠菌群数

水中大肠菌群的数量，一般用大肠菌群指数或大肠菌群值来表示。大肠菌群指数是指1升水中所含大肠菌群的数目。大肠菌群值是指含有1个大肠菌群的水的最小容积（毫升数）。这两种指标互为倒数关系，表示方式如下。

大肠菌群指数=1000/大肠菌群数

在正常情况下，肠道中主要有大肠菌落、粪链球菌（肠球菌）和厌气芽孢菌三类。它们都可随人畜粪便进入水体。由于大肠菌群在肠道中数量最多，生存时间比粪链球菌长而比厌气芽孢菌短，生活条件又与肠道病原菌相似，因而能反映水体被粪便污染的时间和状况。该指标检查技术简便，故被作为水质卫生指标，它可直接反映水体受人畜粪便污染的状况。

二、水的人工净化

养殖场用水量较大，天然水质很难达到 NY 5027 无公害食品《畜禽饮用水水质》要求以及畜牧场人员《生活饮用水卫生标准》要求，因此针对不同的水源条件，经常要进行水的净化与消毒。水的净化处理方法有沉淀（自然沉淀及混凝沉淀）、过滤、消毒和其他特殊的净化处理措施。沉淀和过滤不仅可以改善水质的物理性状，除去悬浮物质，而且能够消除部分病原体；消毒的目的主要是杀灭水中的各种病原微生物，保证畜禽饮用安全。一般来讲可根据牧场水源的具体情况，适当选择相应的净化消毒措施。

地面水常含有泥沙等悬浮物和胶体物质，比较浑浊，细菌的含量较多，需要采用混凝沉淀、沙滤和消毒法来改善水质，才能达到 NY 5027 无公害食品《畜禽饮用水水质要求》。地下水相对较为清洁，只需消毒处理即可。

（一）混凝沉淀

从天然水源取水时，当水流速度减慢或静止时，水中原有悬浮物可借本身重力逐渐向水底下沉，使水澄清，称为"自然沉淀"。但水中软细的悬浮物及胶质微粒，因带有负电荷，彼此相斥不易凝集沉降。因此必须加入明矾、硫酸铝和铁盐（如硫酸亚铁、氯化铁等）混凝剂，与水中的重碳酸盐生成带正电荷的胶状物，带正电荷的胶状物与水中原有的带负电荷的极小的悬浮物及胶质微粒凝聚成絮状物而加快沉降，此称"混凝沉淀"。这种絮状物表面积和吸附力均较大，可吸附一些不带电荷的悬浮微粒及病原体而加快沉降，因而使水的物理性状大大改善，可减少病原微生物90%左右。该过程主要形成氢氧化铝和氢氧化铁胶状物。

$$Al_2(SO_4)_3+3Ca(HCO_3)_2 \rightarrow 2Al(OH)_3 \downarrow +3CaSO_4+6CO_2 \uparrow$$

$$2FeCl_3+3Ca(HCO_3)_2 \rightarrow 2Fe(OH)_3 \downarrow +3CaCl_2+6CO_2 \uparrow$$

这种胶状物带正电荷，能与水中具有负电荷的微粒相互吸引凝集，形成逐渐加大的絮状物而沉降混凝沉淀。一般可减除悬浮物70%～95%，其除菌效果约90%。混凝沉淀的效果与一系列因素有关，如浑浊度大小、温度高低、混凝沉淀的时间长短和不同的混凝剂用量。可通过混凝沉淀试验来确定，普通河水用明矾时，需40～60毫克/升。浑浊度低的水以及在冬季水温低时，往往不易混凝沉淀，此时可投加助凝剂，如硅酸钠等，以促进混凝。

（二）砂滤

砂滤是把浑浊的水通过沙层，使水中悬浮物、微生物等阻留在沙层上部，水即得到净化。沙滤的基本原理是阻隔、沉淀和吸附作用。滤水的效果决定于滤池的构造、滤料粒径的适当组合、滤层的厚度、滤过的速度、水的浑浊度和滤池的管理情况等因素。

集中式给水的过滤，一般可分为慢沙滤池和快沙滤池两种。目前大部分自来水厂采用快沙滤池，而简易自来水厂多采用慢沙滤池。

分散式给水的过滤，可在河或湖边挖渗水井，使水经过地层自然滤过，从而改善水质。如能在水源和渗水井之间挖一沙滤沟，或建筑水边沙滤井（图4-7），则能更好地改善水质；此外，也可采用沙滤缸或沙滤桶来滤过。

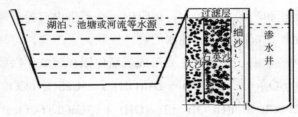

图4-7　过滤井结构图

三、水的消毒

（一）饮用水的消毒方法

1. 物理消毒法

物理法有煮沸消毒法、紫外线消毒法、超声波消毒法、磁场消毒法、电子消毒法等。

2. 化学消毒法

使用化学消毒剂对饮用水进行消毒，是养殖场饮用水消毒的常用方法。

（二）饮水消毒常用的化学消毒剂

理想的饮用水消毒剂应无毒、无刺激性，可迅速溶于水中并释放出杀菌成分，对水中的病原性微生物杀灭力强，杀菌谱广，不会与水中的有机物或无机物发生化学反应和产生有害有毒物质，不残留，价廉易得，便于保存和运输，使用方便等。目前常用的饮用水消毒剂主要有氯制剂、二氧化氯和碘制剂。

1. 氯制剂

在养殖场常用于饮用水消毒的氯制剂有漂白粉、二氯异氰尿酸钠、漂白粉精、氯氨T等，其中前两者使用较多。漂白粉含有效氯25%～32%，价格较低，应用较多，但其稳定性差，遇日光、热、潮湿等分解加快，在保存中有效氯含量每日损失0.5%～3.0%，从而影响到其在水中的有效消毒浓度；二氯异氰尿酸钠含有效氯60%～64.5%，性质稳定，易溶于水，杀菌能力强于大多数氯胺类消毒剂。氯制剂溶解于水中后产生次氯酸而具有杀菌作用，杀菌谱广，对细菌、病毒、真菌孢子、细菌芽孢均有杀灭作用。氯制剂的使用浓度和作用时间、水的酸碱度和水质、环境和水的温度、水中有机物等都可影响氯制剂的消毒效果。

2. 二氧化氯

二氧化氯是目前消毒饮用水最为理想的消毒剂。二氧化氯是一种很强的氧化剂，它的有效氯的含量为52.6%，在氧化还原反应中，ClO_2中Cl^{4+}变为Cl^-，杀菌谱广，对水中细菌、病毒、细菌芽孢、真菌孢子都具有杀灭作用。二氧化氯的消毒效果不受水质、酸碱度、温度的影响，不与水中的氨化物起反应，能脱掉水中的色和味，改善水的味道。但是二氧化氯制剂价格较高，大量用于饮用水消毒会增加消毒成本。目前常用的二氧化氯制剂有二元制剂和一元制剂两种。其他种类的消毒剂则较少用于饮用水的消毒。

如养猪场中饮用水的消毒剂主要有漂白粉、二氯异氰脲酸钠和二氧化氯三种，从比较效益出发，漂白粉虽然价廉，但药效极易下降，不能保证对水的有效消毒；二氧化氯价高，用于猪场中大量水的消毒成本稍高；二氯异氰脲酸钠价格适中，易于保存，最适合用于规模化猪场对饮用水的消毒。

3. 碘制剂

可用于消毒水的碘制剂有碘元素（碘片）和有机碘、碘伏等。碘片在水中溶解度极低，常用2%碘酒来代替；有机碘化合物含活性碘25%～40%；碘伏是一种含碘的表面活性剂，在兽医上常用的碘伏类消毒剂为阳离子表面活性碘。碘及其制剂具有广谱杀灭细菌、病毒的作用，但对细菌芽孢、真菌的杀灭力略差，其消毒效果受到水中有机物、酸碱度和温度的影响。碘伏易受到其拮抗物的影响，其杀菌作用减弱。

（三）饮水消毒的操作方法

为了做好饮用水的消毒，首先必须选择合适的水源。在有条件的地方尽可能地使用地下水。在采用地表水时，取水口应在猪场自身和工业区或居民区的污水排放口上游，并与之保持较远的距离；取水口应建立在靠近湖泊或河流中心的地方，如果只能在近岸处取水，则应修建能对水进行过滤的过滤井；在修建供水系统时应考虑到对饮用水的消毒方式，最好建筑水塔或蓄水池。

1. 一次投入法

在蓄水池或水塔内放满水，根据其容积和消毒剂稀释要求，计算出需要的化学消毒剂量，在饮用前投入到蓄水池或水塔内拌匀，然后让家畜饮用。一次投入法需要在每次饮完蓄水池或水塔中的水后再加水，加水后再添加消毒剂，需要频繁在蓄水池或水塔中加水加药，十分麻烦。适用于需水量不大的小规模养殖场和有较大的蓄水池或水塔的养殖场。

2. 持续消毒法

养殖场多采用持续供水，一次性向池中加入消毒剂，仅可维持较短的时间，频繁加药比较麻烦，为此可在储水池中应用持续氯消毒法，可一次投药后保持 7～15 天对水的有效消毒。方法是将消毒剂用塑料袋或塑料桶等容器装好，装入的量为用于消毒 1 天饮用水的消毒剂的 20 倍或 30 倍，将其拌成糊状，视用水量的大小在塑料袋（桶）上打 0.2～0.4 毫米的小孔若干个，将塑料袋（桶）悬挂在供水系统的入水口内，在水流的作用下消毒剂缓慢地从袋中释出。由于此种方法控制水中消毒剂浓度完全靠塑料袋上孔的直径大小和数目多少，因此一般应在第 1 次使用时进行试验。为了确保在 7～15 天内袋中的消毒剂完全被释放，有时需测定水中的余氯量，必要时也可测定消毒后水中细菌总数来确定消毒效果。

（四）饮水消毒注意事项

1. 选用安全有效的消毒剂

饮水消毒的目的虽然不是为了给畜禽饮消毒液，但归根结底消毒液会被畜禽摄入体内，而且是持续饮用。因此，对所使用的消毒剂，要认真地进行选择，以避免给畜禽带来危害。

2. 正确掌握浓度

进行饮水消毒时，要正确掌握用药浓度，并不是浓度越高越好。既要注意浓度，又要考虑副作用带来的危害。

3. 检查饮水量

饮水中的药量过多，会给饮水带来异味，引起畜禽的饮水量减少。应经常检查饮水的流量和畜禽的饮用量，如果饮水不足，特别是夏季，将会引起生产性能的下降。

4. 避免破坏免疫作用

在饮水中投放疫苗或气雾免疫前后各2天，计5日内，必须停止饮水消毒。同时，要把饮水用具洗净，避免消毒剂破坏疫苗的免疫作用。

四、供水系统的清洗消毒

供水系统应定期冲洗（通常每周1～2次），可防止水管中沉积物的积聚。在集约化养殖场实行"全进全出制"时，于畜禽入舍之前，在进行畜舍清洁的同时，也应对供水系统进行冲洗。通常可先采用高压水冲洗供水管道内腔，而后加入清洁剂，经约1小时后，排出药液，再以清水冲洗。清洁剂通常分为酸性清洁剂（如柠檬酸、醋等）和碱性清洁剂（如氨水）两类。使用清洁剂可除去供水管道中沉积的水垢、锈迹、水藻等，并与水中的钙或镁相结合。此外，在采用经水投药的防治疾病时，于经水投药之前2天和用药之后2天，也应使用清洁剂来清洗供水系统。

洪水期或不安全的情况下，井水用漂白粉消毒。使用饮水槽的养殖场最好每隔4小时换1次饮水，保持饮水清洁，饮水槽和饮水器要定期清理消毒。

第四节　饲料的卫生处理

一、沙门氏菌的控制

感染沙门氏菌后的动物还可以经过交叉从而感染人，故沙门氏菌对畜禽和人类危害很大，应重视其控制。

沙门氏菌主要来自患病的人和动物以及带菌者（人类带菌期一般不长，而动物则可长时间带菌），其中最主要的传播途径是水、土壤和饲料。病原菌随人和动物的粪尿等排泄物及病尸污染土壤和水源，而饲料和饮水的污染，是导致畜禽沙门氏菌病传染的主要原因。各种饲料原料均可发现沙门氏菌，尤以动物物性饲料原料为多见，如肉骨粉、肉粉、蛋壳粉、皮革蛋白粉、羽毛粉和血粉等。

对饲料中沙门氏菌的防治应从饲料原料的生产、储运和饲料加工、运输、储藏和饲喂动物各个环节，采取相应的措施。防治的重点是检出率较高的动物性饲料、发酵饲料等高蛋白饲料。

（一）选择优质原料

无论用屠宰废弃物生产血粉、肉骨粉，还是利用低值鱼生产鱼粉及液体鱼蛋白饲料，都应以无传染病的动物为原料，不用传染病死畜或腐烂变质的畜禽、鱼类及其下脚料作原料。

（二）科学的加工处理

1. 发酵

利用畜禽屠宰废弃物（如血、肠、羽毛、头、爪、死禽等）或畜禽粪便生产饲料，必须掌握科学的加工方法，以保证产品的质量和消灭病原菌。发酵血粉、酵母蛋白、菜籽饼、单细胞蛋白等发酵饲料应严格筛选菌株，在适当的发酵工艺条件下生产。良好的发酵条件可抑制杂菌的生长，使发酵饲料中有害细菌很少或没有。因此，发酵中减少杂菌、快速干燥是保证发酵饲料安全的有效措施。动物性饲料要严格控制含水量，如发酵血粉的含水最应控制在8%以下，而且要严格密封包装。

2. 热处理

通过热处理可有效地从饲料中除去沙门氏菌。制粒和膨化时的瞬间温度均较高，对热抵抗力弱的沙门氏菌或大肠菌有较强的抑制、灭杀作用，应合理选用。

（三）正确使用

动物性饲料的包装必须严密，产品在运输过程中要防止包装袋破损和日晒雨淋；产品的储存厂库必须通风、阴凉、干燥、地势高；防蚊蝇、蟑螂等害虫和鼠、犬、猫、鸟类等动物的侵入；销售过程中应创造良好的储藏条件；饲料在使用时，不宜在畜禽舍内堆放过多。

（四）添加有机酸

沙门氏菌在温度10℃、pH6 ～ 7.5下繁殖最快。在饲料中添加各种有机酸，如甲酸、乙酸、丙酸、乳酸等，降低饲料pH，就可以消灭或抑制饲料中沙门氏菌的生长。使用动物屠宰废弃物作饲料，必然能带来一定的经济效益，但也具有一定的危险性，不仅要注意防止沙门氏菌污染，还要警惕疯牛病、口蹄疫等的传播。

二、霉菌的控制

饲料被霉菌污染，可以导致饲料霉变。霉变饲料可导致人畜的急性和慢性中毒或癌肿等，许多原因不明的疾病被认为与饲料或者食品的霉菌污染有关，因此，霉菌和霉菌毒素成为饲料卫生中的一类主要污染因素。

饲料污染霉菌后主要引起发热、变色、发霉、生化变化、重量减轻以及毒素生成等。霉菌可破坏饲料蛋白质，使饲料中所有氨基酸含量减少，而赖氨酸和精氨酸的减少比其他氨基酸更加明显。同时，由于霉菌生长需要大量维生素，所以霉菌大量生长可使饲料中这些维生素含量大大减少。霉菌生长除破坏饲料中营养成分外，还可引起饲料结块，使饲料保管更加困难。畜禽采食发霉饲料容易发生曲霉菌病和黄曲霉菌毒素中毒。

（一）霉菌的种类及危害

霉菌在自然界中分布很广，种类繁多，但能在饲料中产生毒素的只有30多种，主要是曲霉菌、镰刀霉菌和青霉菌。霉菌毒素是某些霉菌在生长繁殖、新城代谢过程中的代谢产物。能污染饲料、影响饲料卫生的霉菌毒素有20多种，如黄曲霉毒素、杂色曲霉毒素、褚曲霉毒素、玉米赤霉烯酮、单端孢霉烯族化合物、丁烯酸内酯、展青霉肪素、岛青霉素类、橘青霉素、红色青霉素毒素、黄绿青霉毒素、甘薯黑斑病毒素等。霉菌毒素具有很强的副作用，即使饲料中含量很低，都会导致畜禽生长受阻、繁殖性能降低、免疫机能下降。在诸多霉菌毒素中，以黄曲霉毒素最为常见，毒性最强，危害最大。

在高温高湿的环境中，当无有效的防霉措施时，玉米、饼粕类、糠麸类等饲料原料和加工好的成品料，都十分易于滋生黄曲霉菌。黄曲霉毒素可以引起肝病变、癌变和免疫抑制。在寒冷地区，玉米、小麦、燕麦、高粱、稻谷等易产生玉米赤霉烯酮，引起动物的不孕，尤其是猪。

黄曲霉毒素是对畜禽生产危害最严重的毒素。黄曲霉毒素致突变性最强，是一种毒性极强的肝毒素，畜禽食入被黄曲霉毒素污染的饲料，会使肝功能下降，造成胆汁分泌减少，同时胰脏分泌的蛋白酶和脂肪酶活性降低，影响饲料中蛋白质和脂肪的吸收利用；它也是较强的凝血因子抑制剂，可造成组织器官淤血、出血；还可造成免疫系统正常功能的发挥受到干扰，使机体抵抗力下降，疫苗不能正常发挥作用，易发生或继发多种疫病。同时，黄曲霉毒素还可以转移到动物产品中，在动物内脏、肉、蛋、奶中都有残留，通过食物链，对人体健康也同样造成极大的危害和严重威胁。霉变饲料必须经过脱毒处理后才能使用。

（二）控制措施

1. 控制饲料原料的含水量

谷物饲料收获后立即干燥，使其含水量在短时间内降低到安全水分范围内（稻谷在13%以下，大豆、玉米、花生的含水量分别降到12%、12.5%和8%以下）。

2. 控制饲料加工过程中的水分和温度

饲料加工后如果散热不充分即装袋、储存，会因温差导致水

分凝结，易引起饲料霉变。特别是在生产颗粒饲料时，要注意保证蒸汽的质量，调整好冷却时间与所需空气量，使出机颗粒的含水量和温度达到规定的要求。一般，含水量在12.5%以下，温度可比室温高3～5℃。

3. 注意饲料产品的包装、储存与运输

饲料产品包装袋要求密封性能好，如有破损应停止使用。应保证有良好的储存条件，仓库要通风、阴凉、干燥，相对湿度不超过70%。还可采用二氧化碳或氮气等惰性气体进行密闭保存。储存过程中还应防止虫害、鼠咬。运输饲料产品应防止途中受到雨淋和日晒。

4. 应用饲料防霉剂

经过加工的饲料原料与配合饲料极易发霉，故在加工时可应用防霉剂。常用防霉剂主要是有机酸类或其盐类，例如丙酸、山梨酸、苯甲酸、乙酸及它们的盐类。其中又以丙酸及其盐类丙酸钠和丙酸钙应用最广。目前多采用复合酸抑制霉菌的方法。

（三）去毒方法

霉变严重的饲料必须废弃，决不可迁就加以利用。对轻度霉变饲料的去毒处理与合理利用，也为生产所必需。

1. 剔除霉粒法

由于霉菌毒素在谷实籽粒中分布很不均匀，主要集中在霉坏、破损及虫蛀籽粒，如果用手工、机械或电子挑选技术将这些籽粒挑选除去，可使饲料中的毒素含量大大降低。某些在田间生长期感染霉菌的谷实（如赤霉病麦粒），其比重比正常麦粒小，可利用风选法将小而轻的病麦粒吹掉；也可用一定比重的黄泥水或20％食盐水使病麦粒漂浮去除。

2. 混合稀释法

将受霉菌毒素污染的饲料与未被污染的饲料混合稀释，使整个配合饲料中的霉菌毒素含量不超过饲料卫生标准规定的允许量。但使用前应有多批次抽样测定值，以防慢性中毒。

3. 脱毒处理

霉菌毒素可以通过物理、化学、微生物学的方法得到不同程度地失活或去除。凡经去毒处理的饲料，不宜再久储，应尽快在短时期内投喂。

（1）**挑选法**　对局部或少量霉烂变质的饲料进行人工挑选，挑选出来的变质饲料要作抛弃处理。

（2）**水洗去毒法**　将轻度发霉的饲料粉（如果是饼状饲料，应先粉碎）放在缸里，加入清水（最好是开水），水要能淹没发霉饲料，泡开饲料后用木棒搅拌，每搅拌1次需换水1次，如此反复清洗5～6次，便可用来喂养动物。或将发霉饲料放在锅里，加水煮30分钟或蒸1天后，去掉水分，再作饲料用。

（3）**碳酸钠溶液浸泡**　用5％的碳酸钠溶液浸泡2～4小时后再进行干燥。

（4）**化学去毒法**　采用次氯酸、次氯酸钠、过氧化氢、氨、氢氧化钠等化学制剂，对已发生霉变的饲料进行处理，可将大部分黄曲霉毒素去除掉。

（5）**药物去毒法**　将发霉饲料粉用0.1％的高锰酸钾溶液浸泡10分钟，然后用清水冲洗2次，或在发霉饲料粉中加入1％的硫酸亚铁粉末，充分拌匀，在95～100℃条件下蒸煮30分钟即可。

（6）维生素C去毒法　维生素C可阻断黄曲霉毒素的氧化作用，从而阻止其氧化为活性形式的毒性物质。在饲料中添加一定量的维生素C，再加上适量的氨基酸，是克服动物黄曲霉毒素中毒的有效方法。

（7）吸附去毒法　使用霉菌毒素吸附剂可有效去除霉变饲料中的毒素。它是通过霉菌毒素吸附剂在畜禽和水生动物体内发挥吸附毒素的功效，以达到脱毒的目的，是常用、简便、安全、有效的脱毒方法。应用中要选用既具有广谱吸附能力又不吸附营养成分，且对动物无负面影响的吸附剂，较好的吸附剂有百安明、霉可脱、霉消安-1、抗敌霉、霉可吸等。

4. 使用添加剂缓解

可以缓解霉菌毒素的添加剂主要有以下几种。一是蛋氨酸和硒。添加蛋氨酸可以减轻霉菌毒素特别是黄曲霉毒素对动物的有害作用。被血液吸收的霉菌毒素由肝脏负责解毒。在动物肝脏的生物转化过程中，肝脏可以利用谷胱甘肽的生物氧化还原反应，对黄曲霉毒素进行解毒。谷胱甘肽的组成成分之一是半胱胺酸，而蛋氨酸在动物体内能转变为胱氨酸与半胱氨酸。此外，在饲料中添加硒也同样具有保护肝脏不受损害和保护肝脏的生物转化功能的作用，从而减轻黄曲霉毒素的有害影响。二是单加氧酶诱导剂。在动物体内肝脏的生物转化过程中，单加氧酶体系在生物转化的氧化反应中起着很重要的作用。研究证明，单加氧酶体系的生物合成是可以诱导的。苯巴比妥、类固醇激素等能诱导此酶系的合成。据报道，在含有黄曲霉毒素B、的肉仔鸡饲料中应用苯巴比妥，使单加氧酶活性增强，促进了黄曲霉毒素B_1在机体内的代谢转化，加速其从组织中清除，从而减轻了毒素对机体的危害。三是酵母培养物。近年来研究报道，在含有黄曲霉毒素的肉鸡日粮中添加啤酒酵母可提高饲料利用率和增重。体外试验结果也表明酵母培养物可使88％的黄曲霉毒素被降解。据推测，其作用机理可能是酵母细胞壁上的甘露聚糖蛋白质复合物可与黄曲霉毒素结合，从而减少毒素在肠道中吸收。同时酵母能提供多种酶，这些酶在一定程度上能使黄曲霉毒素分解。

第五节　带畜（体）消毒

　　饲养畜禽的过程中，畜舍内和畜禽的体表存在大量的病原微生物，病原微生物不断的滋生繁殖，达到一定数量，引起畜禽发生传染病。带畜（体）消毒就是对饲养着畜禽的舍内一切物品及畜禽体、空间用一定浓度的消毒液进行喷洒或熏蒸消毒，以清除畜禽舍内的多种病原微生物，阻止其在舍内积累。带畜（体）消毒是现代集约化饲养条件下综合防病的重要组成部分，是控制畜禽舍内环境污染和疫病传播的有效手段之一。实践证明，坚持每日或隔日对畜禽群进行喷雾消毒，可以大大减轻疫病的发生。

一、带畜（体）消毒的作用

（一）杀灭病原微生物

　　病原微生物能通过空气、饲料、饮水、用具或人体等进入畜禽舍。通过带畜（体）消毒，可以全面彻底地杀灭环境中病原微生物，并能杀灭畜禽体表的病原微生物，避免病原微生物在舍内积累而导致传染病的发生。

（二）净化空气

带畜（体）消毒，能够有效降低畜禽舍空气中浮游的尘埃和尘埃上携带的微生物，使舍内空气达到净化，减少畜禽呼吸道疾病的发生，确保畜禽健康。

（三）防暑降温

在夏季每天进行喷雾消毒，不仅能够减少畜舍内病原微生物含量，而且可以降低舍内温度，缓解热应激，减少死亡率。

二、带畜（体）消毒药的选用

（一）选用原则

1. 有广谱的杀菌能力

畜禽舍内细菌种类多，选择的消毒药物具有广谱的杀菌能力，不仅可以减少畜禽舍中细菌数量，而且可以减少细菌的种类。如常规性消毒时，应选择对细菌、病毒等微生物病原体具有广谱、高效、强力杀灭作用的药物；特殊疫病消毒时，应选用对特殊病原体特别高效的药物，以迅速杀灭病原体。

2. 有较强的消毒能力

所选用的消毒药能够在短时间内杀灭入侵养殖场的病原。病原一旦侵入动物机体，消毒药将无能为力。同时，消毒能力的强弱也体现在消毒药的穿透能力上。消毒药只有具有一定的穿透能力，才能真正达到杀灭病原的目的。

3. 廉价方便

养殖场应尽可能地选择低价高效的消毒药，消毒药的使用应尽可能地方便，以降低消毒成本。

4. 性质稳定

每个养殖场都储备有一定数量的消毒药，且消毒药在使用以后还要求可长时间地保持杀菌能力。这就要求消毒药本身性质稳定，在存放和使用过程中不易被氧化和分解。

5. 无腐蚀性和毒性

目前，养殖业所使用的养殖设备大多采用金属材料制成，所以在选用消毒药时，特别要注意消毒药的腐蚀性，以免造成畜禽圈舍设备生锈。同时也应避免消毒引起的工作人员衣物蚀烂、皮肤损伤。带畜（体）消毒，舍内有畜禽存在，消毒药液要喷洒或喷雾或熏蒸，如果毒性大，在杀灭病原的同时，可能造成工作人员和畜禽中毒，危害工作人员和畜禽的健康。

6. 不受有机物影响

畜禽舍内脓汁、血液、机体的坏死组织、粪便和尿液等的存在，往往会降低消毒药物的消毒能力。所以选择消毒药时，应尽可能选择那些不受有机物影响的消毒药。

7. 无色无味无污染

有刺激性气味的消毒药易引起畜禽的应激；有色消毒药不利于圈舍的清洁卫生；有污染的消毒药不仅会污染环境，也会污染养殖场。

（二）常用的带畜（体）消毒药

带畜消毒药物种类较多，如下消毒药效果良好。

1.　强力消毒灵

是一种强力、速效、广谱，对人畜无害、无刺激性和腐蚀性的消毒剂，易于储运、使用方便、成本低廉、不使衣物着色是其最突出的优点。它对细菌、病毒、霉菌均有强大的杀灭作用。按比例配制的消毒液，不仅用于带畜消毒，还可进行浸泡、熏蒸消毒。带畜消毒浓度为0.5%～1%。

2.　百毒杀

有速效、强效、长效杀菌作用，无腐蚀性，性质稳定，适应范围广，可长期保存。能杀死细菌、霉菌、病毒、芽孢和球虫等，效力可维持10～14天。市售的有浓度为50%和10%的百毒杀两种剂型。0.015%百毒杀用于日常预防性带畜消毒，0.025%百毒杀用于发病季节的带畜消毒。

3.　过氧乙酸

广谱杀菌剂，消毒效果好，能杀死细菌、病毒、芽孢和真菌。0.3%～0.5%溶液用于带畜消毒，还可用于水果、蔬菜和食品表面消毒。本品稀释后不能久储，应现配现用，以免失效。

4.　新洁尔灭

有较强的除污和消毒作用，可在几分钟内杀死多数细菌。0.1%新洁尔灭溶液用于带体消毒，使用时应避免与阳离子活性剂（如肥皂等）混合，否则会降低效果。

5.　二氧化氯（ClO_2）

具有极强的氧化力，能通过氧化分解微生物蛋白质中的氨基酸而将其杀灭。因为ClO_2不仅杀菌力强，而且在完成其氧化分解过程后的生成物是水、氯化钠、微量CO_2和有机物，而无致癌物质。

另外还有爱迪伏、百菌毒净、1210、惠昌消毒液、抗毒威等。

三、带畜（体）消毒的方法

（一）喷雾法或喷洒法

消毒器械一般选用高压动力喷雾器或背负式手摇喷雾器。先将喷雾器清洗干净，配好药液，即可由畜禽圈舍一端开始消毒，边喷雾边向另一边慢慢移动。喷雾时将喷头举高，喷嘴向上喷出雾粒。雾粒可在空气中缓缓下降，除与空气中的病原微生物接触外，还可与空气中的尘埃结合，起到杀菌、除尘、净化空气、减少臭味的作用。地面、墙壁、顶棚都要喷上药液，以距畜体60～80厘米喷雾为佳。要喷到墙壁、屋顶、地面，以均匀湿润和畜禽体表稍湿为宜，不得直喷畜禽体。喷出的雾粒直径应控制在80～120微米之间，不要小于50微米。雾粒粒径过大易造成喷雾不均匀和畜禽舍太潮湿，且在空中下降速太快，与空气中的病原微生物、尘埃接触不充分，起不到消毒的作用；雾粒粒径太小则易被畜禽吸入肺泡，引起肺水肿，甚至引发呼吸道病。同时必须与通风换气措施配合起来。喷雾量应根据畜禽舍的构造、地面状况、气象条件适当增减，一般按20～50毫升/米^{3}计算。每周消毒2～3次。

（二）熏蒸法

对化学药物加热使其产生气体进行熏蒸，达到消毒的目的的方法叫做熏蒸法。常用的药物有食醋或过氧乙酸。每立方米空间使用5～10毫升的食醋，加1～2倍的水稀释后加热蒸发；30%～40%的过氧乙酸，每立方米用1～3克，稀释成3%～5%溶液，加热熏蒸，室内相对湿度要在60%～80%（若达不到此数值，可采用喷热水的办法增加湿度），密闭门窗，熏蒸1～2小时，打开门窗通风。

四、带畜（体）消毒的注意事项

（一）消毒前进行清洁

带畜（体）消毒的着眼点不应限于畜禽体表，而应包括整个畜禽所在的空间和环境，否则就不能全面些杀灭病原微生物。先对消毒的畜禽舍环境进行彻底的清洁，如清扫地面、墙壁和天花板上的污染物，清理设备用具上的污物，清除光照系统（电源线、光源及罩）、通风系统上的尘埃等，以提高消毒效果和节约药物的用量。

（二）正确配制及使用消毒药

带畜（体）消毒过程中，根据畜禽群体状况、消毒时间、喷雾量及方法等，正确配制和使用药物。注意不要随意增高或降低药物浓度，有的消毒药要现配现用，有的可以放置一段时间，按消毒药的说明要求进行，一般配好消毒药不要放置过长时间再使用，并尽可能在短时间内一次用完。如过氧乙酸是一种消毒作用较好、价廉、易得的消毒药，按正规包装应将30%过氧化氢及16%醋酸分开包装（称为二元包装或A、B液，用之前将两者等量混合），放置10小时后即可配成0.3%～0.5%的消毒液，A、B液混合后在10天内效力不会降低，但60天后消毒力下降30%以上，存放时间愈长愈易失效。选择带畜（体）消毒药时，不要随心所欲，要有针对性选择。不要随意将几种不同的消毒药混合使用，否则常因物理、化学配伍禁忌导致使药效降低，甚至药物失效。选择3～5种不同的消毒剂交替使用，因为不同消毒剂的抑杀病原微生物的范围不同，交替使用可以起到相互补充，杀死各种病原微生物。

（三）注意稀释用水

消毒药物的稀释溶剂用自来水，因为自来水经过软化处理，其中Ca^{2+}、Mg^{2+}含量低，减少了对药物的络合作用（如无自来水，可选用杂质较少的深井水）。水温应在30～45℃，这样既可增大药物的溶解度与均匀性，又可提高药物活性，加强消毒效果（寒冷季节水温要高一些，以防水分蒸发引起家禽受凉而患病；炎热季节水温要低一些，并选在气温最高时，以便消毒的同时起到防暑降温的作用）。药物的浓度要均匀，必须由兽医人员按说明规定配制，对不易溶于水的药应充分搅拌使其溶解。

（四）免疫接种时慎用带畜（体）消毒

消毒药可以降低疫苗效价。畜禽接种疫苗前后3天内禁止带体消毒，同时也不能投服消毒灭菌药物，以防破坏免疫效果。

（五）减弱消毒应激

要选择正确时间。消毒应是一种外来刺激，畜禽会产生一定程度的应激反应，为减小反应，不要在喂料、饮水及产蛋高峰期喷雾消毒，而应在下午、傍晚光线暗淡条件下进行，可固定喷药时间。可在消毒前12小时内给畜禽群饮用0.1%维生素C或水溶性多维溶液。消毒后应加强通风换气，便于畜禽体表和圈舍干燥。

（六）消毒要适宜

消毒间隔时间要适当，应根据不同季节、畜禽不同生长期及疫病流行情况灵活掌握。一般而言，冬春两季1周1次，夏秋两季1周1～2次；仔畜或幼雏时期，机体抵抗力弱，易感染各种传染病，1周消毒2～3次；疫病流行期则早晚各1次；喷雾消毒应全面，凡是舍内所有空间、一切物品、设备及畜禽体都应喷雾消毒，以达最大限度地杀灭病原体。

第六节　废弃物的处理消毒

一、污水的处理消毒

被病原体污染的污水，可用沉淀法、过滤法、化学药品处理法等进行处理消毒。比较实用的是化学药品消毒法。方法是先将污水处理池的出水管用一木闸门关闭，将污水引入污水池后，加入化学药品（如漂白粉或生石灰）进行消毒。消毒药的用量视污水量而定（一般1升污水用2～5克漂白粉）。消毒后，将闸门打开，使污水流出。

二、粪便的消毒处理

畜禽粪便中含有一些病原微生物和寄生虫卵，尤其是患有传染病的畜禽，病原微生物数量更多。如果不进行消毒处理，直接作为农田肥料，往往成为传染源，因此，为减少环境污染，有效切断传染源，在对发病畜禽积极进行治疗的同时，还应对畜禽粪便采取必要的消毒处理措施。

（一）焚烧法

在发生炭疽、气肿疽、梭菌感染、马脑脊髓炎、牛瘟、禽流感等传染病时，病原菌容易产生芽孢，一般消毒方法又不能杀死芽孢，所以，粪便、饲料、污物需要采用焚烧法进行严格的消毒处理。此法是杀死一切病原微生物最有效的方法，但大量焚烧粪便显然是不合适的。因此，只用于患烈性传染病畜禽的粪便消毒。

具体操作步骤是先挖坑，坑宽75～100厘米，深75厘米，长度以粪便多少而定（图4-8）。在距壕底40～50厘米处加一层铁梁（铁梁密度以不使粪便漏下为度），铁梁下放燃料，梁上放欲消毒粪便。如粪便太湿，可混一些干草，以便烧毁。这种方法需要很多燃料，且损失有用的肥料，故非必要时很少使用。焚烧产生的烟气应当采取有效的净化措施，防止一氧化碳、烟尘、恶臭等对周围大气环境的污染。

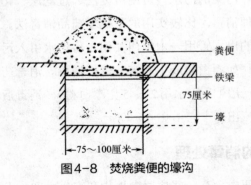

图4-8　焚烧粪便的壕沟

（二）化学药品消毒法

适用于粪便消毒的化学消毒剂有漂白粉或10%～20%漂白粉液、0.5%～1%的过氧乙酸、5%～10%硫酸苯酚合剂、20%石灰乳等。使用时应细心搅拌，使消毒剂浸透混匀。由于粪便中的有机物含量较高，不宜使用凝固蛋白质性能强的消毒剂，以免影响消毒效果。这种方法操作麻烦，且难以达到彻底消毒的目的，故实践中不常用。

（三）掩埋法

选择地势高燥、地下水位较低的地块，挖一个深坑，坑的深度应达到2米以上，坑的大小应视粪便的多少而定，要使掩埋后的粪便表面距地表50厘米。消毒剂可选用漂白粉或新鲜的生石灰。可以采用混合消毒的办法，将消毒剂与污染的粪便充分混合，倒入坑内；也可先在坑内撒入一层消毒剂，然后将污染的粪便倒入，每倒入4～5厘米的粪便，就撒入一层消毒剂，粪便顶部撒入一层消毒剂，然后覆土掩埋，顶部堆成土堆儿。5～6个月后，可以挖出充当肥料。此种方法简单易行，但缺点是粪便和污物中的病原微生物可渗入地下水，污染水源，并且损失肥料。适合于粪量较少，且不含细菌芽孢的情况。掩埋地点应远离学校、公共场所、居民住宅区、村庄、饮用水源地、河流等。

（四）生物热消毒法

这是一种最常用的粪便消毒法，应用这种方法，能使非芽孢病原微生物污染的粪便变为无害，且不丧失肥料的应用价值。粪便的生物热消毒通常有两种方法：一种是发酵池法，另一种为堆粪法。

1.　发酵池法

此法适用于大量饲养畜禽的农牧场，多用于稀薄粪便（如牛、猪粪）的发酵。设备为距农场200～250米以外，无居民、河流、水井的地方挖的2个或2个以上的发酵池（池的数量和大小决定于每天运出的粪便数量）。池可筑成方形或圆形，池的边缘与池底用砖砌后再抹以水泥，使其不透水。如果土质干枯、地下水位低，可以不用砖和水泥。使用时先在池底倒一层干粪，然后将每天清除出的粪便垫草等倒入池内，直到快满时，再在粪便表面铺一层干粪或杂草，上面盖一层泥土封好。如条件许可，可用木板盖上，以利于发酵和保持卫生。粪便经上述方法处理后，经过1～3个月即可掏出作为肥料。在此期间，每天所积的粪便可倒入另外的发酵池，如此轮换使用，见图3-16。

2. 堆粪法

此法适用于干固粪便（如马、羊、鸡粪等）的处理。在距养殖场100～200米或以外的地方设一个堆粪场。堆粪的方法如下：在地面挖一浅沟，深约20厘米，宽1.5～2米，长度不限，随粪便多少确定。先将非传染性的粪便或垫草等堆至厚25厘米，其上堆放欲消毒的粪便、垫草等，高达1.5～2米，然后在粪堆外再铺上厚10厘米的非传染性的粪便或垫草，并覆盖厚10厘米的沙子或土，如此堆放3周至3个月，即可用以肥田，见图4-9。如果粪便较稀时，应加些杂草，太干时倒入稀粪或加水，使其不稀不干，以促进迅速发酵。通常处理牛粪时，因牛粪比较稀不易发酵可以掺马粪或干草，其比例为4份牛粪加1份马粪或干草。

采用堆肥法应注意以下几点：一是堆料内不能只堆放粪便，还应堆放垫料、稻草等有机质丰富的材料，以保证微生物活动所需营养；二是堆料应疏松，以保证微生物活动所需氧气；三是堆料应有一定湿度，含水量以50%～70%为宜；四是保证足够的堆肥时间，一般夏季1个月左右，冬季3～4个月。

此外，还可把生物热发酵与生产沼气结合起来，处理粪便，这样既达到了粪便消毒的目的，又可充分利用生物热能。

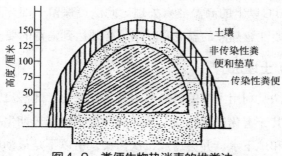

图4-9 粪便生物热消毒的堆粪法

三、畜禽尸体的消毒处理

畜禽的尸体含有较多的病原微生物，也容易分解腐败，散发恶臭，污染环境。特别是发生传染病的病死畜禽的尸体，处理不善，其病原微生物会污染大气、水源和土壤，造成疾病的传播与蔓延。因此，必须及时地无害化处理病死畜禽尸体，坚决不能图一私利而出售。

（一）焚烧法

焚烧也是一种较完善的方法，但不能利用产品，且成本高，故不常用。但对一些危害人、畜健康极为严重的传染病病畜的尸体，仍有必要采用此法。焚烧时，先在地上挖一十字形沟（沟长约2.6米，宽0.6米，深0.5米），在沟的底部放木柴和干草作引火用，于十字沟交叉处铺上横木，其上放置畜尸，畜尸四周用木柴围上，然后洒上煤油焚烧，尸体烧成黑炭为止。或用专门的焚烧炉焚烧。

（二）高温处理法

此法是将畜禽尸体放入特制的高温（温度达150℃）锅内或有盖的大铁锅内熬煮，达到彻底消毒的目的。鸡场也可用普通大锅，经100℃以上的高温熬煮处理。此法可保留一部分有价值的产品，但要注意熬煮的温度和时间，必须达到消毒的要求。

（三）土埋法

土埋法是利用土壤的自净作用使其无害化。此法虽简单但不理想，因其无害化过程缓慢，某些病原微生物能长期生存，从而污染土壤和地下水，并会造成二次污染，所以不是最彻底的无害化处理方法。采用土埋法，必须遵守卫生要求，埋尸坑远离畜舍、放牧地、居民点和水源，地势高燥，尸体掩埋深度不小于2米。掩埋前在坑底铺上2～5厘米厚的石灰，尸体投入后，再撒上石灰或洒上消毒药剂，埋尸坑四周最好设栅栏并作上标记。

（四）发酵法

将尸体抛入尸坑内，利用生物热的方法进行发酵，从而起到消毒灭菌的作用。尸坑一般为井式，深达9～10米，直径2～3米，坑口有一个木盖，坑口高出地面30厘米左右。将尸体投入坑内，堆到距坑口1.5米处，盖封木盖，经3～5个月发酵处理后，尸体即可完全腐败分解。

在处理畜尸时，不论采用哪种方法，都必须将病畜的排泄物、各种废弃物等一并进行处理，以免造成环境污染。

【附】畜禽尸体堆肥无害化处理技术

国内外动物尸体处理的主要方法有填埋、焚烧、化制和堆肥。但填埋法存在潜在的地表和地下水污染风险，而且传染性病原体可能进入人类食物链和动物饲料链而被欧盟禁用；焚烧可能释放二噁英和呋喃等致癌物质，这些物质如果随着烟气和飞灰沉降，最终通过食物危害动物和人类健康，因此欧盟要求将特定风险物质（如脊髓和脑）焚烧的灰分进行定点填埋。化制是欧盟处理动物尸体的优先方法，由于不能彻底杀灭疯牛病（TSE）病原致使化制产品销路大减，动物尸体化制成本显著增加，加上动物尸体收集频率降低，美国2002～2007年间死亡奶牛尸体的深埋和化制处理比例下降8%，而堆肥处理比例从7%增加到17%。动物尸体堆肥始于20世纪80年代早期，首先应用于美国养鸡业，之后很快应用于其他畜禽养殖，美国、加拿大、澳大利亚和新西兰的生物安全部门认识到堆肥作为常规和突发疫病动物尸体处理的潜在优势，将其作为动物尸体处理的优先方法。

1. 动物尸体堆肥原理及特点

动物尸体堆肥主要借助自然界微生物消化动物尸体的有机成分，无需向堆体中添加其他任何专用微生物，动物尸体周围的碳源物质为微生物提供能量，动物尸体组织及其液体为微生物的蛋白合成提供氮源，微生物降解过程中产生热、水、二氧化碳、氨气和挥发性有机物质等副产物。国外动物尸体堆肥多采用自然通风的静态垛堆肥方法，因此动物尸体内部及其表面的降解大多数是厌氧消化，厌氧消化产生的液体和气体副产物从动物尸体向周围扩散，由于距动物尸体越远的物料中含氧量越高，副产物在扩散过程中被进一步氧化分解成二氧化碳和水。

动物尸体堆肥与其他有机废弃物堆肥不同，动物尸体通常是整体放入堆体进行堆肥处理，动物尸体质量大、含水率高、低C/N比、孔隙率几乎为零，而动物尸体周围碳源物质的C/N比高、含水率适中、孔隙率高，因此堆体物质的均匀性远不如有机废弃物堆肥；另外，动物尸体堆肥过程的翻堆次数少，以减少臭气释放、堆体热量损失和病原微生物传播风险。

2. 动物尸体堆肥系统

动物尸体堆肥与其他有机废弃物堆肥既有相似之处，也有所不同。任何动物尸体堆肥系统都应避免地表和地下水污染、疾病传播风险、食腐动物和昆虫危害和大气环境污染。

（1）**动物尸体堆肥方法** 国内外的动物尸体堆肥方法主要有静态堆肥和条垛堆肥方法、仓式堆肥方法和密闭箱式堆肥方法。

静态堆肥和条垛堆肥通常在开放的硬地面上进行，主要用于大型动物尸体（成年牛或猪）堆肥。单个大型动物尸体可用静态堆堆肥，如果死亡动物数量较多，则可在静态堆的基础上不断增加动物尸体和碳源物质从而使堆体延长，即形成条垛堆肥。条垛堆肥是最简单的动物尸体堆肥方法，要求有一定的宽度，而长度可随死亡动物数量和场地大小变化。仓式堆肥方法的仓体通常建在混凝土或夯实土等硬地面上，周围由经防腐处理的木板、混凝土、塑料板、干草捆包或其他使堆体成型的材料筑成三面墙体结构，前面开敞以便于铲车机械化作业。密闭箱式堆肥仅用于小型动物尸体（如鸡和保育猪）处理，密闭箱体通常有保温层，堆肥原料物质和动物尸体放置其中直至装满为止。条垛和仓式堆肥是现场动物尸体堆肥的常用方法。在多雨气候条件下，条垛和静态仓式堆肥设施应有防雨顶；在干燥气候环境中，死亡动物堆肥多在露天进行，但需适当加水以保持最佳发酵条件。

（2）**动物尸体堆肥系统的供氧方式** 静态堆肥和条垛堆肥通常采用自然通风与翻堆相结合的供氧方式，在动物尸体堆肥的初始阶段，外层空气借助动物尸体周围碳源物质的大量空隙通过自然扩散进入堆体，堆体中氧气分布不均匀，动物尸体周围碳源物质的外层氧气含量高、堆体中心氧气含量低。未翻动堆体中心的氧气浓度很可能低于5%的最小值，但只要动物周围经切碎处理的碳源物质中有足够的空隙和气体通透性，使碳源物质的外层保持有氧状态，就能对动物尸体降解释放的气体物质进行过滤和生物降解。当堆体完成初次高温发酵，堆体温度降低至45℃以下，则表明堆体氧气不够，这时可通过翻堆给堆体供氧，堆体将进入第2次高温发酵期。自然通风静态堆肥和条垛堆肥方法的投资和运行成本低，但动物尸体的降解相对较慢。仓式堆肥多用被动通风形式供氧，将多孔PVC管道水平放置于堆体基层（碳源物质）中，水平管道的末端通过弯头连接垂直向上的多孔PVC管，垂直管的末端敞开并伸出堆体之外，空气借助自然通风在PVC管道中流动，通过管道上的开孔给堆体供氧。有资料报道在长25米的死牛堆肥堆体中间隔均匀地放入17根多孔通风管道并在堆体顶部设8个出风口，以提高被动通风效果。或在长2米×宽2米×高1.2米的死猪堆肥仓基层碳源物质中水平放置3根多孔通风管道，但伸出堆体的垂直管道无孔。箱式堆肥则采用机械强制通风供氧，通过风机和堆肥箱底部的多孔管道给箱内堆肥物质供氧。

（3）堆肥原料物质　动物尸体堆肥的碳源物质主要是各种农林废弃物，许多林木副产物和农作物废弃物以及动物粪便等均可用于畜禽尸体堆肥，常用的物质包括锯末、木屑、碎玉米秸、大豆禾秆、大麦禾秆、谷壳、苜蓿干草、玉米青贮、燕麦禾秆、树叶、粉碎的棒子芯、废纸、泥炭、轧棉垃圾、花生壳等，由于林木和农作物废弃物等碳源物质的空隙率高，容易导致堆体水分损失，且堆体的底部和顶部的热量散失量大，因此水分含量高和C/N比低的畜禽粪便和畜禽养殖垫料也用于死亡动物尸体堆肥，猪粪或鸡粪等动物粪便用于动物尸体堆肥不仅可以提供初始氮源，也有助于增加堆体中微生物数量。

（4）堆制方法 国外动物尸体堆肥的堆制，采用层层叠加的方式，先在底部铺1或2种碳源物质（最底层为植物碳源物质），总厚度不少于0.3米；其上放置动物尸体，小型动物尸体可放置多层，两层动物尸体之间铺15～30厘米的碳源物质，直到堆肥仓装满或堆体达到1.8～2.0米高；最后顶部覆盖有吸收性的有机物质，顶层物质厚度不少于0.6米。通常条垛或堆肥仓可放置2～3层死猪和死羊，死牛一般单层堆肥处理。有资料报道，仓式死猪堆肥时，先在仓的底部铺约30厘米锯末，其上放置动物尸体，动物尸体周围锯末厚30厘米，以防止臭气挥发，死猪堆肥时间为2～6个月，死亡仔猪堆肥2个月完成；死鸡堆肥时，在底层铺15～20厘米的笼养蛋鸡粪或农家肥，其上铺稻草和高粱秆层，然后放置死鸡，死鸡层上先铺鸡粪（农家肥）和稻草（高粱秆）层，最后加盖15厘米厚的鸡粪，堆肥时间为62～128天不等。将新鲜猪粪与碎玉米秸秆进行混合后，先在堆肥箱底部铺40～50厘米，其上放置死鸡或死猪，最后覆盖新鲜猪粪与玉米秸秆混合物，堆肥6周后的死猪降解率超过94%；死牛堆肥处理，在地面上铺40厘米的大麦秆，其上放置死牛，最后覆盖运动场粪便直至堆体达到2.0米高。或在死牛下部放两层碳源物质，即底部40厘米大麦秆及其上60厘米运动场牛粪层，放入死牛后再覆盖100厘米运动场牛粪，直至堆体2.0米高。为防止渗滤液进入堆体下面的土壤层，将死牛底部碳源物质厚度增加到60厘米，春季和冬季的死牛降解时间分别为4～6个月和8～10个月。当使用多种碳源物质进行动物尸体堆肥时，将不同物分层堆铺，并不进行混合处理。

（5）注意事项

① 选用含20%水分的碳源物质，除地面铺和尸体覆盖外，

尸体至少与堆肥箱墙壁间隔25厘米，以便碳源物质覆盖并围绕尸体各个侧面。

② 堆肥仓内湿度保持40%～60%，如果堆肥材料能挤出水，则需加入干燥锯木屑；如堆肥材料干燥，则需在表面喷洒水保持湿度。

③ 定期测量堆肥的温度，内部温度达50～65℃能加速尸体腐烂中嗜热微生物的生长。

④ 防止各种动物进入堆肥区，做好场地工具消毒。

⑤ 每天记录尸体处理量、碳源物质使用量及堆温，以便于发现问题。

堆肥过程中的持续高温使其对堆体中的病原微生物具有很好杀灭作用，除此之外，堆肥过程中微生物拮抗作用（包括产生抗生素和直接寄生作用）、产生有机酸和氨以及养分竞争等均可使病原微生物灭活，堆肥是公认的养殖废弃物无害化处理技术。

第七节　兽医器械及用品的消毒

兽医诊疗室是养殖场的一个重要场所，在此进行疾病的诊断、病畜的处理等。兽医诊疗室内有一些医疗器具。兽医诊疗室的消毒包括诊疗室的消毒和医疗器具消毒两个方面。兽医诊疗室的消毒包括诊断室、注射室、手术室、处置室和治疗室的消毒以及兽医人员的消毒，其消毒必须是经常性的和常规性的，如诊室内空气消毒和空气净化可以采用过滤、紫外线照射（诊室内安装紫外线灯，每立方米2～3瓦）、熏蒸等方法；诊室内的地面、墙壁、棚顶可用0.3%～0.5%的过氧乙酸溶液或5%的氢氧化钠溶液喷洒消毒；兽医诊疗室的废弃物和污水也要处理消毒，废弃物和污水数量少时，可与粪便一起堆积生物发酵消毒处理；如果量大时，使用化学消毒剂（如15%～20%的漂白粉搅拌，作用3～5小时消毒处理）消毒。

兽医诊疗器械及用品是直接与畜禽接触的物品。用前和用后都必须按要求进行严格的消毒。根据器械及用品的种类和使用范围不同，其消毒方法和要求也不一样。一般对进入畜禽体内或与黏膜接触的诊疗器械，如手术器械、注射器及针头、胃导管、导尿管等，必须经过严格的消毒灭菌；对不进入动物组织内也不与黏膜接触的器具，一般要求去除细菌的繁殖体及亲脂类病毒。各种诊疗器械及用品的消毒方法见表4-3。

表4-3 各种诊疗器械及用品的消毒方法

消毒对象	消毒药物及方法
体温计	先用1%过氧乙酸溶液浸泡5分钟，然后放入1%过氧乙酸溶液中浸泡30分钟
注射器	0.2%过氧乙酸溶液浸泡30分钟，清洗，煮沸或高压蒸汽灭菌。注意：针头用肥皂水煮沸消毒15分钟后，洗净，消毒后备用；煮沸时间从水沸腾时算起，消毒物应全部浸入水内
各种塑料接管	将各种接管分类浸入0.2%过氧乙酸溶液中，浸泡30分钟后用清水冲净；接管用肥皂水刷洗，清水冲净，烘干后分类高压灭菌
药杯、换药碗（搪瓷类）	将药杯用清水冲净残留药液，然后浸泡在1∶1000新洁尔灭溶液中1小时；将换药碗用肥皂水煮沸消毒15分钟；然后将药杯与换药碗分别用清水刷洗冲净后，煮沸消毒15分钟或高压灭菌（如药杯系玻璃类或塑料类，可用0.2%过氧乙酸浸泡2次，每次30分钟后清洗烘干）。注意：药杯与换药碗不能放在同一容器内煮沸或浸泡。若用后的药碗染有各种药液颜色，应煮沸消毒后用去污粉擦净、清洗，揩干后再浸泡；冲洗药杯内残留药液下来的水须经处理后再弃去
托盘、方盘、弯盘（搪瓷类）	将其分别浸泡在1%漂白粉清液中1小时；再用肥皂水刷洗、清水冲净后备用；漂白粉清液每2周更换1次，夏季每周更换1次

续表

消毒对象	消毒药物及方法
污物敷料桶	将桶内污物倒出后，用0.2%过氧乙酸溶液喷雾消毒，放置30分钟；用碱水或肥皂水将桶刷洗干净，用清水洗净后备用。注意：污物敷料桶每周消毒1次；桶内倒出的污物、敷料须消毒处理后回收或焚烧处理
污染的镊子、止血钳等金属器材	放入1%肥皂水中煮沸消毒15分钟，用清水将其冲净后，再煮沸15分钟或高压灭菌后备用
锋利器械（刀片及剪刀、针头等）	浸泡在1∶1000新洁尔灭水溶液中1小时，再用肥皂水刷洗，清水冲净，揩干后浸泡于1∶1000新洁尔灭溶液的消毒盒中备用。注意：被脓、血污染的镊子、钳子或锐利器械应先用清水刷洗干净，再进行消毒；洗刷下的脓、血水按每1000毫升加入过氧乙酸原液10毫升计算（即1%浓度），消毒30分钟后才能弃掉；器械使用前，应用灭菌0.85%生理盐水淋洗
开口器	将开口器浸入1%过氧乙酸溶液中，30分钟后用清水冲洗；再用肥皂水刷洗，清水冲净，揩干后，煮沸15分钟或高压灭菌后使用。注意：应全部浸入消毒液中
硅胶管	将硅胶管拆去针头，浸泡在0.2%过氧乙酸溶液中，30分钟后用清水冲净；再用肥皂水冲洗管腔内，用清水冲洗，揩干。注意：拆下的针头按注射器针头消毒处理
手套	将手套浸泡在0.2%过氧乙酸溶液中，30分钟后用清水冲洗；再将手套用肥皂水清洗，清水漂净后晾干。注意：手套应浸没于过氧乙酸溶液中，不能浮于药液表面
橡皮管、投药瓶	用浸有0.2%的过氧乙酸的抹布擦洗物件表面；用肥皂水将其刷洗、清水冲净后备用
导尿管、肛管胃、导管等	将物件分类浸入1%过氧乙酸溶液中，浸泡30分钟后用清水冲洗；再将上述物品用肥皂水刷洗，清水冲净后，分类煮沸15分钟或高压灭菌后备用。注意：物件上的胶布痕迹可用乙醚或乙醇擦除
输液、输血皮管	将皮管针头拆去后，用清水冲净皮管内残留液体，再浸泡在清水中；再将皮管用肥皂水反复揉搓、清水冲净，揩干后，高压灭菌备用，拆下的针头按注射针头消毒处理
手术衣、帽、口罩等	将其分别浸泡在0.2%过氧乙酸溶液中30分钟，用清水冲洗；肥皂水搓洗，清水洗净晒干，高压灭菌备用。注意：口罩应与其他物品分开洗涤

消毒对象	消毒药物及方法
创巾、敷料等	污染血液的，先放在冷水或5%氨水内浸泡数小时，然后在肥皂水中搓洗，最后用清水漂净；污染碘酊的，用2%硫代硫酸钠溶液浸泡1小时，清水漂洗、拧干，浸于0.5%氨水中，再用清水漂净；经清洗后的创巾、敷料分包，高压灭菌备用。被传染性物质污染时，应先消毒后洗涤，再灭菌
运输车辆、工具车或小推车	每月定期用去污粉或肥皂粉将推车擦洗干净；污染的工具车类，应及时用浸有0.2%过氧乙酸的抹布擦洗；30分钟后再用清水冲净。推车等工具类应经常保持整洁，清洁与污染的车辆应互相分开

第八节 发生传染病后的消毒

一、一般消毒程序

发生传染病后，养殖场病原数量大幅增加，疫病传播流行会更加迅速，为了控制疫病传播流行及危害，需要更加严格消毒。

疫情活动期间消毒是以消灭病畜所散布的病原为目的而进行的消毒。病畜禽所在的畜禽舍、隔离场地、排泄物、分泌物及被病原微生物污染和可能被污染的一切场所、用具和物品等都是消毒的重点。在实施消毒过程中，应根据传染病病原体的种类和传播途径的区别，抓住重点，以保证消毒的实际效果。如肠道传染病消毒的重点是畜禽排出的粪便以及被污染的物品、场所等；呼吸道传染病则主要是消毒空气、分泌物及污染的物品等。

5%的氢氧化钠或10%的石灰乳溶液对养殖场的道路、畜舍周围喷洒消毒，每天1次；15%漂白粉或5%的氢氧化钠溶液等喷洒畜舍地面、畜栏，每天1次。带畜（禽）消毒，用1：400

的益康溶液、0.3%农家福、0.5% ～ 1%的过氧乙酸溶液喷雾，每天1次；粪便、粪池、垫草及其他污物化学或生物热消毒；出入人员脚踏消毒液、紫外线等照射消毒。消毒池内放入5%氢氧化钠溶液，每周更换1 ～ 2次；其他用具、设备、车辆用15%漂白粉溶液或5%的氢氧化钠溶液等喷洒消毒；疫情结束后，进行全面消毒1 ～ 2次。

二、污染场所及污染物消毒

发生疫情后被污染（或可能被污染）的场所和污染物的消毒方法见表4-4。

表4-4　污染场所及污染物消毒方法

消毒对象	消毒方法	
	细菌性传染病	病毒性传染病
空气	甲醛熏蒸，福尔马林液25毫升，作用12小时（加热法）；2%过氧乙酸熏蒸，用量1克/米^3，20℃作用1小时；0.2% ～ 0.5%过氧乙酸或3%来苏儿喷雾30毫升/米^3，作用30 ～ 60分钟；红外线照射0.06瓦/厘米^2	醛熏蒸法（同细菌病）；2%过氧乙酸熏蒸，用量3克/米^3，作用90分钟（20℃）；0.5%过氧乙酸或5%漂白粉澄清液喷雾，作用1 ～ 2小时
排泄物（粪、尿、呕吐物等）	成形粪便加2倍量的10% ～ 20%漂白粉乳剂，作用2 ～ 4小时；对稀便，直接加粪便量1/5的漂白粉剂，作用2 ～ 4小时	成形粪便加2倍量的10% ～ 20%漂白粉乳剂，充分搅拌，作用6小时；稀便，直接加粪便量1/5的漂白粉粉剂，作用6小时；尿液100毫升加漂白粉3克，充分搅匀，作用2小时
分泌物（鼻涕、唾液、穿刺脓液、乳汁汁液）	加等量10%漂白粉或1/5量干粉，作用1小时；加等量0.5%过氧乙酸，作用30 ～ 60分钟；加等量3% ～ 6%来苏儿液，作用1小时	加等量10% ～ 20%漂白粉或1/5量干粉，作用2 ～ 4小时；加等量0.5% ～ 1%过氧乙酸，作用30 ～ 60分钟

消毒对象	消毒方法	
	细菌性传染病	病毒性传染病
畜禽舍、运动场及舍内用具	污染草料与粪便集中焚烧；畜舍四壁用2%漂白粉澄清液喷雾（200毫升/米³），作用1～2小时；畜圈及运动场地面，喷洒漂白粉20～40克/米²，作用2～4小时；或1%～2%氢氧化钠溶液，或5%来苏儿溶液喷洒1000毫升/米³，作用6～12小时；甲醛熏蒸，福尔马林12.5～25毫升/米³，作用12小时（加热法）；0.2%～0.5%过氧乙酸、3%来苏儿喷雾或擦拭，作用1～2小时；2%过氧乙酸熏蒸，用量1克/米³，作用6小时	与细菌性传染病消毒方法相同，一般消毒剂作用时间和浓度稍大于细菌性传染病消毒用量
饲槽、水槽、饮水器等	0.5%过氧乙酸浸泡30～60分钟；1%～2%漂白粉澄清液浸泡30～60分钟；0.5%季铵盐类消毒剂浸泡30～60分钟；1%～2%氢氧化钠热溶液浸泡6～12小时	0.5%过氧乙酸液浸泡30～60分钟；3%～5%漂白粉澄清液浸泡50～60分钟；2%～4%氢氧化钠热溶液浸泡6～12小时
运输工具	0.2%～0.3%过氧乙酸或1%～2%漂白粉澄清液，喷雾或擦拭，作用30～60分钟；3%来苏儿或0.5%季铵盐喷雾擦拭，作用30～60分钟	0.5～1%过氧乙酸、5%～10%漂白粉澄清液喷雾或擦拭，作用30～60分钟；5%来苏儿喷雾或擦拭，作用1～2小时；2%～4%氢氧化钠热溶液喷洒或擦拭，作用2～4小时
工作服、被服、衣物织品等	高压蒸汽灭菌，121℃经15～20分钟；煮沸15分钟（加0.5%肥皂水）；甲醛25毫升/米³，作用12小时；环氧乙烷熏蒸，用量2.5克/升，作用2小时；过氧乙酸熏蒸，1克/米³，在20℃条件下，作用60分钟；2%漂白粉澄清液或0.3%过氧乙酸或3%来苏儿溶液浸泡30～60分钟；0.02%碘伏浸泡10分钟	高压蒸汽灭菌，121℃经30～60分钟；煮沸15～20分钟（加0.5%肥皂水）；甲醛25毫升/米³熏蒸12小时；环氧乙烷熏蒸，用量2.5克，作用2小时；过氧乙酸熏蒸，用量1克/米³，作用90分钟；2%漂白粉澄清液浸泡1～2小时；0.3%过氧乙酸浸泡30～60分钟；0.03%碘伏浸泡15分钟

续表

消毒对象	消毒方法	
	细菌性传染病	病毒性传染病
接触病畜禽人员手	0.02%碘伏洗手2分钟，清水冲洗；0.2%过氧乙酸泡手2分钟；75%酒精棉球擦手5分钟；0.1%新洁尔灭泡手5分钟	0.5%过氧乙酸洗手，清水冲净；0.05%碘伏泡手2分钟，清水冲净
污染办公品（书、文件）	环氧乙烷熏蒸，2.5克/升，作用2小时；甲醛熏蒸，福尔马林用量25毫升/米³，作用12小时（加热法）	同细菌性传染病
医疗器材、用具等	高压蒸汽灭菌121℃经30分钟；煮沸消毒15分钟；30.2%～0.3%过氧乙酸或1%～2%漂白粉澄清液浸泡60分钟；0.01%碘伏浸泡5分钟；甲醛熏蒸，50毫升/米³作用1小时	高压蒸汽灭菌121℃经30分钟；煮沸30分钟；0.5%过氧乙酸或5%漂白粉澄清液浸泡，作用60分钟；5%来苏儿浸泡1～2小时；0.05%碘伏浸泡10分钟

三、发生A类传染病后的消毒措施

A类传染病主要包括口蹄疫、猪瘟、高致病性禽流感和新城疫等烈性传染病。

（一）污染物处理

对所有病死畜禽、被扑杀畜禽及其畜禽产品（包括肉、蛋、精液、羽、绒、内脏、骨、血等）按照《畜禽病害肉尸及其产品无害化处理规程》执行；对于畜禽排泄物和被污染或可能被污染的垫料、饲料等物品均需进行无害化处理。

被扑杀的畜禽体内含有高致病性病毒，如果不将这些病原根除，让病畜禽扩散流入市场，势必造成高致病性、恶性病毒的传播扩散，同时可能危害消费者的健康。为了保证消费者的身体健康和使疫病得到有效控制，必须对扑杀的畜禽做焚烧深埋后的无害化处理。畜禽尸体需要运送时，应使用防漏容器，须有明显标志，并在动物防疫监督机构的监督下实施。

（二）消毒

1. 动物疫情发生时的消毒

各级疾病控制机构应该配合农业部门开展工作，指导现场消毒，进行消毒效果评价。

① 对死畜禽和宰杀的畜禽、畜禽舍、畜禽粪便进行终末消毒。对发病的养殖场或所有病畜停留或经过的圈舍用20%的漂白粉溶液（澄清溶液含有效氯5%以上，每平方米1000克）或10%火碱溶液，或5%甲醛溶液等全面消毒。所有的粪便和污物清理干净并焚烧。器械、用具等可用5%火碱或5%甲醛溶液浸泡。

② 对划定的动物疫区内畜禽类密切接触者，在停止接触后应对其及其衣物进行消毒。

③ 对划定的动物疫区内的饮用水应进行消毒处理，对流动水体和较大水体等消毒较困难者可以不消毒，但应严格进行管理。

④ 对划定的动物疫区内可能污染的物体表面在出封锁线时进行消毒。

⑤ 必要时对畜禽舍的空气进行消毒。

2. 家畜疫病病原感染人情况下的消毒

有些家畜疫病可以感染人而引起人的发病，如近年来禽流感和猪流感在人群中的发生。当人发生禽流感或猪流感疫情时，各级疾病控制中心除应协助农业部门针对动物禽流感疫情开展消毒工作、进行消毒效果评价外，还应对疫点和病人或疑似病人污染或可能污染的区域进行消毒处理。

① 加强对人禽流感疫点、疫区现场消毒的指导，进行消毒效果评价。

② 对病人的排泄物、病人发病时生活和工作过的场所、病人接触过的物品及可能污染的其他物品进行消毒。

③ 对病人诊疗过程中可能的污染，既要按肠道传染病又要按呼吸道传染病的要求进行消毒。

第五章
不同养殖场的消毒要点

Chapter 05

第一节　猪场消毒要点

　　工作人员进入生产区净道和猪舍要经过洗澡、更衣、紫外线消毒。养殖场一般谢绝参观，严格控制外来人员，必须进入生产区时，要洗澡，换场区工作服和工作鞋，并遵守场内防疫制度，按指定路线行走。进入养殖场的人员，必须在场门口更换靴鞋，并在消毒池内进行消毒，场门口设消毒池，池内放3%～5%火碱溶液（氢氧化钠），3天更换1次。有条件的养殖场，在生产区入口设置消毒室，在消毒室内洗澡、更换衣物，穿戴清洁消毒好的工作服、帽和靴经消毒池后进入生产区。消毒室经常保持干净、整洁。工作服、靴和更衣室定期洗刷消毒，每立方米空间用42毫升福尔马林熏蒸消毒20分钟。工作人员在接触畜群、饲料和配种之前，须洗手，并用1∶1000的新洁尔灭溶液浸泡消毒3～5分钟。

一、环境消毒

　　猪舍周围环境每2～3周用2%火碱消毒或撒生石灰1次，场周围及场内污水池、排粪坑、下水道出口，每月用漂白粉消毒1次。在大门口、猪舍入口设消毒池，使用2%火碱或5%来苏儿溶液，注意定期更换消毒液。每隔1～2周，用2%～3%火碱溶液（氢氧化钠）喷洒消毒道路；用2%～3%火碱，或3%～5%的甲醛或0.5%的过氧乙酸喷洒消毒场地。

被病畜（禽）排泄物和分泌物污染的地面土壤，可用5%～10%漂白粉溶液、百毒杀或10%氢氧化钠溶液消毒。停放过芽孢所致传染病（如炭疽、气肿疽等）病畜尸体的场所，或者是此种病畜倒毙的地方，应严格加以消毒，首先用10%～20%漂白粉乳剂或5%～10%优氯净喷洒地面，然后将表层土壤掘起30厘米左右，撒上干漂白粉并与土混合，将次表土运出掩埋，在运输时应用不漏土的车以免沿途漏撒。如无条件将表土运出，则应加大漂白粉的用量（每平方米面积加漂白粉5克），将漂白粉与土混合，加水湿润后原地压平。

二、猪舍消毒

每批猪只调出后要彻底清扫干净，用高压水枪冲洗，然后进行喷雾消毒或熏蒸消毒。据试验，采用清扫方法，可以使畜禽舍内的细菌减少21.5%，如果清扫后再用清水冲洗，则畜禽舍内细菌数即可减少54%～60%。清扫、冲洗后再用药物喷雾消毒，畜禽舍内的细菌数即可减少90%。用化学消毒液消毒时，消毒液的用量一般是以畜禽舍内每平方米面积用1～1.5升药液。消毒时，先喷洒地面，然后墙壁，先由离门远处开始，喷完墙壁后再喷天花板，最后再开门窗通风，用清水刷洗饲槽，将消毒药味除去。在进行畜禽舍消毒时，也应将附近场院以及病畜、禽污染的地方和物品同时进行消毒。

（一）猪舍的预防消毒

在一般情况下，每年进行2次（春秋各1次）预防消毒。在进行猪舍预防消毒的同时，凡是猪停留过的处所都需进行消毒。在采取"全进全出"管理方法的机械化养猪场，应在每次全出后进行消毒。产房的消毒，在产仔结束后再进行1次。猪舍的预防消毒，也可用气体熏蒸消毒，所用药品是福尔马林和高锰酸钾。方法是按照猪舍面积计算所需用的药品量。一般每立方米空间，用福尔马林25毫升、水12.5毫升、高锰酸钾25克（或以生石灰代替）。计算好用量以后将水与福尔马林混合。猪舍（或其他畜舍）的室温不应低于正常的室温（8～15℃），并将猪舍门窗紧闭。其后将高锰酸钾倒入，用木棒搅拌，经几秒钟即见有浅蓝色刺激眼鼻的气体蒸发出来，此时应迅速离开猪舍，将门关闭。经过12～24小时后方可将门窗打开通风。

（二）猪舍的临时消毒和终末消毒

发生各种传染病而进行临时消毒及终末消毒时，用来消毒的消毒剂随疫病的种类不同而异。一般肠道菌、病毒性疾病，可选用5%漂白粉或1%～2%氢氧化钠热溶液。但如发生细菌芽孢引起的传染病（如炭疽、气肿疽等）时，则需使用10%～20%漂白粉乳、1%～2%氢氧化钠热溶液或其他强力消毒剂。在消毒畜禽的同时，在病猪舍、隔离舍的出入口处应放置有消毒液的麻袋片或草垫。

三、带猪消毒

（一）一般性带猪消毒

定期进行带猪消毒，有利于减少环境中的病原微生物。猪体消毒常用喷雾消毒法，即将消毒药液用压缩空气雾化后，喷到畜、禽体表上，达到消毒目的以杀灭和减少体表及畜舍内空气中的病原微生物。本法既可减少畜体及环境中的病原微生物，净化环境，又可降低舍内尘埃，夏季还有降温作用。常用的药物有 0.2%～0.3% 过氧乙酸，每立方米空间用药 20～40 毫升，也可用 0.2% 的次氯酸钠溶液或 0.1% 新洁尔灭溶液。消毒时从畜舍的一端开始，边喷雾边匀速走动，使舍内各处喷雾量均匀。带畜消毒在疫病流行时，可作为综合防制措施之一，及时进行消毒对扑灭疫病起到一定作用。0.5% 以下浓度的过氧乙酸对人畜无害，为了减少对工作人员的刺激，在消毒时可佩戴口罩。

本消毒方法全年均可使用，一般情况下每周消毒 1～2 次，春秋疫情常发季节，每周消毒 3 次，在有疫情发生时，每天消毒 1～2 次。带猪消毒时可以选用择 3～5 种消毒药交替进行使用。

（二）猪体保健消毒

妊娠母猪在分娩前 7 天，最好用热毛巾对全身皮肤进行清洁，然后用 0.1% 高锰酸钾水擦洗全身，在临产前 3 天再消毒 1 次，重点要擦洗会阴部和乳头，保证仔猪在出生后和哺乳期间免受病原微生物的感染。

哺乳期母猪的乳房要定期清洗和消毒，如果有腹泻等病发生，选择可以带猪消毒的药物进行消毒，一般每隔 7 天消毒 1 次，严重发病的可按照污染猪场的状况进行消毒处理。

新生仔猪，在分娩后用热毛巾对全身皮肤进行擦洗，要保证舍内温度（25℃以上），然后用 0.1% 高锰酸钾水擦洗全身，再用毛巾擦干。

种公猪在配种前应先用 40℃ 左右的温水清洗包皮及其周围，

然后再用0.1％高锰酸钾溶液擦洗、抹干。

四、用具消毒

（一）一般用具消毒

定期对保温箱、补料槽、饲料车、料箱、针管等进行消毒。一般先将用具冲洗干净后，可用0.1％新洁尔灭或0.2％～0.5％过氧乙酸消毒，然后在密闭的室内进行熏蒸。

（二）人工授精用具的消毒

胶质器具用洗涤剂洗净晾干后，隔水煮沸30分钟。玻璃、金属等器具在清洗晾干后放入160～200℃干燥箱中消毒30～60分钟；集精杯在采精前用5％葡萄糖溶液或稀释液冲洗1次，然后在集精杯上覆盖采精专用的滤纸；采精台以及一切与精液直接接触的器材都应严格进行常规消毒处理。

五、粪便消毒

患传染病和寄生虫病的病猪、粪便的消毒方法有多种，如焚烧法、化学药品消毒法、掩埋法和生物热消毒法等。实践中最常用的是生物热消毒法，此法能使非芽孢病原微生物污染的粪便变为无害，且不丧失肥料的应用价值。

六、垫料消毒

对于猪场的垫料，可以通过阳光照射的方法进行消毒。这是一种最经济、简单的方法，将垫草等放在烈日下，暴晒2～3小时，能杀灭多种病原微生物。对于少量的垫草，可以直接用紫外线等照射1～2小时，可以杀灭大部分微生物。

第二节 禽场消毒要点

一、禽场入口消毒

禽场入口是禽场的通道，也是防疫的第一道防线，消毒非常重要。

（一）车辆消毒池

生产区入口必须设置车辆消毒池，车辆消毒池的长度为进出车辆车轮2个周长以上。消毒池上方最好建有顶棚，防止日晒雨淋。消毒池内放入2%～4%的氢氧化钠溶液，每周更换3次。北方地区冬季严寒，可用石灰粉代替消毒液。有条件的可在生产区出入口处设置喷雾装置，喷雾消毒液可采用0.1%百毒杀溶液或0.1%新洁尔灭或0.5%过氧乙酸。

（二）消毒室

场区门口和禽舍门口要设置消毒室，人员和用具进入要消毒。消毒室内安装紫外线灯（1～2瓦/米³空间）；有脚踏消毒池，内放2%～5%的氢氧化钠溶液。进入人员要换鞋、工作服等，如有条件，可以设置淋浴设备，洗澡后方可入内。脚踏消毒池中消毒液每周至少更换2次。

二、场区环境消毒

（一）平时消毒

平时应做好场区环境的卫生工作，定期使用高压水洗净路面和其他硬化的场所，每月对场区环境进行1次环境消毒。

（二）进禽前的消毒

进禽前对禽舍周围5米以内的地面用0.2%～0.3%过氧乙酸，或使用5%的火碱溶液或5%的甲溶液进行彻底喷洒；禽场道路使用3%～5%的火碱溶液喷洒；禽舍内使用3%火碱（笼养）或百毒杀、益康喷洒消毒。

（三）进禽后的消毒

禽场周围环境保持清洁卫生，不乱堆放垃圾和污物，道路每天要清扫。禽场、禽舍周围和场内的道路每周要消毒1～2次，生产区的主要道路每天或隔日喷洒消毒，使用3%～5%火碱或0.2%～0.3%过氧乙酸喷洒，每平方米面积药液用量为300～400毫升；如果发生疫情，场区环境每天都要消毒。

三、禽舍门口消毒

每栋禽舍的门前也要设置脚踏消毒槽（消毒槽内放置5%火碱溶液），进出禽舍最好换穿不同的专用橡胶长靴，在消毒槽中浸泡1分钟，并进行洗手消毒，穿上消毒过的工作衣和帽进入禽舍。

四、禽舍消毒

禽舍是家禽生活和生产的场所，由于环境和家禽本身的影响，舍内容易存在和滋生微生物。

（一）空舍消毒

家禽转入前或淘汰后，禽舍空着，应进行彻底的清洁消毒，为下一批家禽创造一个洁净卫生的条件，有利于减少疾病和维持禽体健康。

　　为了获得确实的消毒效果，禽舍全面消毒应按禽舍排空、清扫、洗净、干燥、消毒、干燥、再消毒的顺序进行。禽群更新原则是"全进全出"，尤其是肉禽，每批饲养结束后要有2～3周的空舍时间。将所有的禽尽量在短期内全部清转，对不同日龄共存的，可将某一日龄的禽舍及附近的舍排空。禽舍消毒的步骤如下。

1. 清理清扫

　　新建禽舍，清扫干净禽舍；使用过的禽舍，移出能够移出的设备和用具，如饲料器（或料槽）、饮水器（或水槽）、笼具、加温设备、育雏育成用的网具等，清理舍内杂物。然后将禽舍各个部位、任何角落的所有灰尘、垃圾和粪便清理、清扫干净。为了减少尘埃飞扬，清扫前用3%的火碱溶液喷洒地面、墙壁等。通过清扫，可使环境中的细菌含量减少21%左右。

2. 冲洗

　　经过清扫后，用动力喷雾器或高压水枪进行洗净，洗净按照从上至下、从里至外的顺序进行。对较脏的地方，可事先进行人工刮除，并注意对角落、缝隙、设施背面的冲洗，做到不留死角、不留一点污垢，真正达到清洁的目的。有些设备不能冲洗，可以使用抹布擦净上面的污垢。清扫、洗净后，禽舍环境中的细菌可减少50%～60%。

3. 消毒药喷洒

　　禽舍经彻底洗净、检修维护后即可进行消毒。禽舍冲洗干燥后，用5%～8%的火碱溶液喷洒地面、墙壁、屋顶、笼具、饲槽等2～3次，用清水洗刷饲槽和饮水器。其他不易用水冲洗和火碱消毒的设备可以用其他消毒液涂擦。为了提高消毒效果，一般要求禽舍消毒使用2种或3种不同类型的消毒药进行2～3次消毒。通常第1次使用碱性消毒药，第2次使用表面活性剂类、卤素类、酚类等消毒药。

4. 移出的设备消毒

禽舍内移出的设备用具放到指定地点，先清洗再消毒。如果能够放入消毒池内浸泡的，最好放在3%～5%的火碱溶液或3%～5%的福尔马林溶液中浸泡3～5小时；不能放入池内的，可以使用3%～5%的火碱溶液彻底全面喷洒。消毒2～3小时后，用清水清洗，放在阳光下暴晒备用。

5. 熏蒸消毒

能够密闭的禽舍，特别是雏禽舍，将移出的设备和需要的设备用具移入舍内，密闭熏蒸。熏蒸常用的药物是福尔马林溶液和高锰酸钾，熏蒸时间为24～48小时，熏蒸后待用。经过甲醛熏蒸消毒后，舍内环境中的细菌减少90%。熏蒸操作方法如下。

（1）**封闭鸡舍的窗和所有缝隙**　如果使用的是能够关闭的玻璃窗，可以关闭窗户，用纸条把缝隙粘贴起来，防止漏气。如果是不能关闭的窗户，可以使用塑料布封闭整个窗户。

（2）**准确计算药物用量**　根据禽舍的空间分别计算好福尔马林和高锰酸钾的用量。参考用量见表5-1，可根据禽舍的污浊程度选用。如新的没有使用过的鸡舍一般使用Ⅰ级或Ⅱ级浓度熏蒸；使用过的禽舍可以选用Ⅱ级或Ⅲ级浓度熏蒸。如果一个禽舍面积100平方米，高度3米，则体积为300米^3，用Ⅱ级浓度，需要福尔马林8400毫升、高锰酸钾4200克。

表5-1 不同熏蒸浓度的药物使用量

药品名称	Ⅰ级	Ⅱ级	Ⅲ级
福尔马林/（毫升/米³空间）	14	28	42
高锰酸钾/（克/米³空间）	7	14	21

（3）**熏蒸操作**　选择的容器一般是瓦制的或陶瓷的，禁用塑料的（反应腐蚀性较大，温度较高容易引起火灾）。容器容积是药液量的8～10倍（熏蒸时，两种药物反应剧烈，因此盛装药品的容器尽量大一些，否则药物流到容器外，反应不充分），禽舍面积大时可以多放几个容器。把高锰酸钾放入容器内，将福尔马林溶液缓缓倒入，迅速撤离，封闭好门。熏蒸后可以检查药物反应情况。若残渣是一些微湿的褐色粉末，则表明反应良好。若残渣呈紫色，则表明福尔马林量不足或药效降低。若残渣太湿，则表明高锰酸钾量不足或药效降低。

（4）**熏蒸的最佳条件**　熏蒸效果最佳的环境温度是24℃以上，相对湿度75%～80%，熏蒸时间24～48小时。熏蒸后打开门窗通风换气1～2天，使其中甲醛气体逸出。不立即使用的可以不打开门窗，待用前再打开门窗通风。

（5）**时间**　指定时间到后，打开通风器，如有必要，升温至15℃，先开出气阀再开进气阀。可喷洒25%的氨水溶液来中和残留的甲醛，而通过开门来逸净甲醛则有可能使不期望的物质进入。

（二）带禽消毒

带禽消毒是指禽入舍后至出舍整个饲养期内定期使用有效的消毒剂对禽舍环境及禽体表喷雾，以杀死悬浮在空中和附着在体表的病原菌。

进雏时，应在雏禽进入禽舍之前，在舍外将运雏箱进行全面消毒，防止把附着在箱上的病原微生物带入舍内。遇到禽流感、新城疫、马立克病、传染性法氏囊炎等流行时，须揭开箱盖连同雏禽一并进行喷雾消毒。进雏前1周，禽舍和育雏器每天轻轻喷雾消毒1～2次。以后每周1～2次，育成期每周消毒1次，成禽可15～20天消毒1次，发生疫情时可每天消毒1次。

喷雾的药物有新洁尔灭1000倍稀释液、10%的百毒杀600倍稀释液、强力消毒王1000倍稀释液、益康400倍稀释液等。消毒液用量为100～240毫升/米²，达到地面、墙壁、天花板均匀湿润和禽体表微湿为止，最好每3～4周更换一种消毒药。喷雾时应将舍内温度比平时提高3～4℃，冬季寒冷不要把禽体喷得太湿，也可使用温水稀释；夏季带禽消毒有利于降温和减少热应激死亡。也可以使用过氧乙酸，每立方米空间用30毫升的纯过氧乙酸配成0.3%的溶液喷洒，选用大雾滴的喷头，喷洒禽舍各部位、设备、禽群。一般每周带禽消毒1～2次，发生疫病期间每天带禽消毒1次。

（三）禽舍中设备用具消毒

1. 饲喂、饮水用具消毒

饲喂、饮水用具每周洗刷消毒1次，炎热季节应增加次数，饲喂雏鸡的开食盘或塑料布，正反两面都要清洗消毒。可移动的食槽和饮水器放入水中清洗，刮除食槽上的饲料结块，放在阳光下暴晒。固定的食槽和饮水器，应彻底水洗刮净、干燥，用常用阳离子清洁剂或两性清洁剂消毒，也可用高锰酸钾、过氧乙酸和漂白粉液等消毒，如可使用5%漂白粉溶液喷洒消毒。

2. 工作服消毒

每天用紫外线照射1次，照射时间20～30分钟。每周用消毒药物浸洗1次。

3. 其他用具

断喙用具用前要熏蒸消毒，医疗器械必须先清洗再煮沸消毒。

五、人员消毒

饲养人员在接禽前，均需洗澡、换洗随身穿着的衣服、鞋、袜等，并换上用过氧乙酸消毒过的工作服和鞋、帽等；饲养员每次进舍前需换工作服、鞋，脚踏消毒池，并用紫外线照射消毒10～20分钟，手接触饲料和饮水前需要用过氧乙酸或次氯酸钠、碘制剂等溶液浸洗消毒；本厂工作人员出去回来后应彻底消毒，如果去发生过传染病的地方，回场后进行彻底消毒，并经短期隔离确认安全后方能进场；饲养人员要固定，不得乱窜；发生烈性传染病的禽舍饲养人员必须严格隔离，再按规定的制度解除封锁；其他管理人员进入禽场和禽舍也要严格消毒。

六、饮水消毒

家禽饮水应清洁无毒、无病原菌，符合人的饮用水标准。生产中使用干净的自来水或深井水。但进入禽舍后，由于露在空气中，舍内空气、粉尘、饲料中的细菌可对饮用水造成污染。病禽可通过饮水系统将病原体传给健康者，从而引发呼系统、消化系统疾病。在病鸡舍的饮水器中，能检出大量的支原体病、传染性鼻炎、传染性喉气管炎等疫病病原。如果在饮水中加入适量的消毒药物则可以杀死水中带的病原体。

临床上常见的饮水消毒剂多为氯制剂、碘制剂和复合季铵盐类等，但季铵化合物只适用于14周龄以下禽饮用水的消毒，不能用于产蛋禽。消毒药可以直接加入蓄水池或水箱中，用药量应以最远端饮水器或水槽中的有效浓度达该类消毒药的最适饮水浓度为宜。家禽喝的是经过消毒的水而不是喝消毒药水，任意加大水中消毒药物的浓度或长期使用，除可引起急性中毒外，还可杀死或抑制肠道内的正常菌群影响饲料的消化吸收，对家禽健康造成危害，另外影响疫苗防疫效果。饮水消毒应该是预防性的，而不是治疗性的，因此使用消毒剂饮水要谨慎行事。在饮水免疫的前后3天，千万不要在饮水中加入消毒剂。

饲料和饮水中含有病原微生物，可以引起鸡群感染疾病。通过在饲料和饮水中添加消毒剂，抑制和杀死病原，减少鸡群发生疫病。二氧化氯（ClO_2）是一种广谱、高效、低毒和安全的消毒剂，目前广泛用于饮水处理、医疗卫生、食品保鲜、养殖和种植业等各个行业。孟长明等（2002）对肉鸡和蛋鸡进行试验，用消毒剂益康（ClO_2）拌料或饮水，可以降低鸡群疾病发生率，减少死亡淘汰率，改善鸡舍环境，提高生产性能，养殖成本低，取得良好经济效益。消毒剂益康（ClO_2）在河南新乡、鹤壁、南阳、信阳、焦作，河北，海南等地的多个鸡场上百万只鸡进行拌料并配合饮水和环境消毒，在控制疾病发生和减少死亡淘汰、降低用药成本等方面取得了较好的效果。消毒剂益康（ClO_2）拌料是一种新的尝试和方法，生产中的使用效果也比较明显，但对消化道微生物区系和组织结构的影响有待进一步的研究。

七、垫料消毒

使用碎草、稻壳或锯屑作垫料时，须在进雏前3天用消毒液（如博灭特2000倍液、10%百毒杀400倍液、新洁尔灭1000倍液、强力消毒王500倍液、过氧乙酸2000倍液）进行掺拌消毒。这不

仅可以杀灭病原微生物，而且还能补充育雏器内的湿度，以维持
适合育雏需要的湿度。垫料消毒的方法是取两根木橼子，相距一
定距离，将农用塑料薄膜铺在上面，在薄膜上铺放垫料，掺拌消
毒液，然后将其摊开（厚约3厘米）。采用这种方法，不仅可维
持湿度，而且是一种物理性的防治球虫病措施，同时也便于育雏
结束后，将垫料和粪便无遗漏地清除至舍外。

进雏后，每天对垫料还需喷雾消毒1次。湿度小时，可以使
用消毒液喷雾。如果只用水喷雾增加湿度，起不到消毒的效果，
并有危害。这是因为育雏器内的适宜温度和湿度，适合细菌和霉
菌急剧增加，成为呼吸道疾病发生的原因。

清除的垫料和粪便应集中堆放，如无传染病或可疑传染病
时，可用生物自热消毒法。如确认有某种传染病时，应将全部垫
料和粪便深埋或焚烧。

八、水禽养殖的水体消毒

水禽养殖中，对水上运动场进行定时、定期消毒是预防疫病
发生和传播的一项重要措施。

（一）合理设置水上运动场和保持水域清洁卫生

鸭、鹅是水禽，特别是种禽群需要在水中玩耍、繁殖配种、
捕食等，对于水源充足的地方可利用天然沟塘、河流、湖泊等，
而对于无此条件的地区可开挖人工浴池作为水上运动场，水上运
动场面积要求不应小于陆上运动场，每100羽鸭（鹅）需要水上
运动场10～30米^2。为了保证消毒效果，利用流动较强的水域
建造水上运动场的应配置一定设施保持运动场水域相对稳定，人
工浴池应定期排污、冲洗和更换清洁新鲜水。人工浴池一般宽

2.5～3米、深0.8～1米，浴池设在运动场最低处，利于排水，它与下水道相连，在排水时可将泥沙、粪便等沉淀到沉淀池中，以免堵塞排水道。禽舍及陆上运动场清扫出的粪便、污物应进行无害化处理，防止重新污染周围环境而导致病原体扩散，严禁随意抛撒入水上运动场水域。

（二）坚持定期进行水体消毒

通常的生产消毒不能如实验室无菌操作那样将病原全部杀灭，病原微生物一旦遇到有利环境就会迅速繁殖，并导致疫病暴发，坚持消毒工作就可尽量降低疫病的传播和发生机会。水禽场的消毒工作必须定时、定期，应根据实际情况的变化掌握消毒次数，加强疫病多发季节的消毒工作，一般情况下每周1～2次，在春、秋疫病多发季节可增至每周3次，在疫病发生时，1次/天或2次/天。在对水禽舍、生产工具、周边环境定期消毒的同时，更应该加强对水禽生活的整个水体消毒。

1. 使用的消毒剂和方法

（1）**生石灰溶液泼洒消毒** 生石灰在水溶液中形成氢氧化钙，发挥碱性消毒剂溶解蛋白质和促进其变性的作用而起到消毒作用。使用方法为配制成10%～20%的溶液对水体进行泼洒消毒，每亩（667平方米）水面（按1米水深计算）的用量为20～30千克。应注意生石灰配制成乳液后立即使用，将生石灰石干粉直接撒在水体内的做法不可取，其消毒效果不确实。

（2）**二氧化氯** 二氧化氯是目前水产养殖中常用的一种新型消毒剂，可促使水体中微生物蛋白质的氨基酸氧化分解而起到杀灭作用，并可分解水中肉毒杆菌毒素。使用方法为配制成0.5%

的溶液对水体进行泼洒消毒，每亩水面（按1米水深计算）的用量为0.1～0.3千克。其消毒作用不受水质酸碱度的影响。注意避免与酸类有机物、易燃物混放，以防自燃，若为固体包装，使用时应将A、B袋分别溶解后混合到一起3～5分钟后泼洒消毒。

（3）漂白粉　漂白粉的有效成分次氯酸可渗入细胞内，氧化细胞酶的硫氢基团，破坏细胞浆代谢，酸性环境中杀菌力强而迅速，高浓度能杀死芽孢。使用方法为配制成2%的溶液对水体进行泼洒消毒，每亩水面（按1米水深计算）的用量为1.0～1.5千克。存放过程中应注意漂白粉的稳定性差，一般条件下有效氯每月减少1%～3%，在光、热、潮湿、二氧化碳及酸性环境下则分解速度加快，故应密闭保存于阴暗干燥处，时间不超过1年。

（4）二氯异氰尿酸钠　二氯异氰尿酸钠的有效氯含量为60%左右，其消毒的活性物主要是氯代尿酸，它在水中进一步分解成次氯酸。使用方法为配制成0.5%的溶液对水体进行泼洒消毒，每亩水面（按1米水深计算）的用量为0.2～0.5千克。尽管其化学性质稳定，室内放置半年有效氯仅降低0.15%，但应注意其水溶液呈弱酸性且稳定性差，应该现配现用。

（5）双链季铵盐络合碘　双链季铵盐络合碘是双链季铵盐络合上碘的产物，具有灭菌效果好、无刺激、无腐蚀、无毒、无残留、长效等优点，其对病原微生物的杀灭能力不受水质硬度、酸碱度的影响。目前该类消毒剂多被制成不同浓度的商品，可参考产品的说明书使用。

2.　消毒时的注意事项

（1）掌握消毒液浓度　用药物泼洒消毒水禽养殖水上运动场，必须按常规的测定方法正确计算池塘水的体积（即水量）和用药量，以保证水体消毒浓度。通常消毒药物的浓度和消毒效果成正比，但也不能一概而论，如75%酒精的杀菌作用比100%纯酒精强。浓度过稀消毒达不到要求，浓度过高成本提高和副作用增强，如使用氯制剂消毒剂时，采用过高浓度能导致禽体引发呼吸、消化系统等方面的疾病，能导致整体免疫力的下降。因此，在消毒时要详细阅读使用说明书，合理配制浓度，以保证消毒效果，同时减少药物浪费和毒副作用。

（2）**定期更换消毒药物** 使用一种消毒剂消毒以后，尽管大部分敏感的病原已被杀死，但在消毒剂的选择压力下会导致少量耐过病原存活，通过一段时间的恢复和适应后又会造成二次污染，其抗该种消毒剂的能力增强。若仍采用同一种消毒剂进行消毒，必须提高浓度才能取得较理想的效果，但改用不同杀菌原理的消毒剂来消毒，可避免病原产生耐药性而取得明显的消毒效果。因此，不同种类尤其是杀菌原理不同的消毒剂应交替使用，避免病原对相应消毒剂产生耐药性，以提高消毒效果。但应注意消毒剂更换过于频繁又会使药物对致病微生物的抑制和杀灭作用不完全，同时造成病原抗药性的增强。在实际生产中，一般建议每月更换水体消毒剂1次为宜。

（3）**加强管理** 消毒的同时，结合养殖情况，有计划地对水禽养殖危害大的疫病进行预防免疫接种，加强饲养管理，能增强禽群的抗病能力；注意及时对场内的污物进行清扫、冲洗，保持良好的通风及阳光照射，在一定程度上能抑制或减弱甚至杀灭饲养环境中的有害病原。

九、防控球虫病的消毒

养禽场来说，还有个麻烦的问题，就是防控球虫病的消毒。

球虫是禽肠内寄生的原虫，是一种比细菌稍高级的微生物。除鸡以外，其他动物如兔等也患此病。

球虫病的原虫在禽肠道内增殖，随粪便排出后可使其他禽经口感染，再增殖排出，连续不断地增殖，扩大感染。这种病能给养禽业生产造成较大损失。球虫卵经发育后可形成卵囊，球虫卵囊的活力很强，在80℃水中1分钟死亡；在70℃水中15分钟死亡；在常温（14～38℃）下，可存活2年；在阴干的鸡粪中，可存活11个月；在不向阳的林荫土壤中，可存活18个月；在向阳的砂土中，可存活4个月。

（1）杀灭球虫卵囊的消毒剂　球虫卵囊的表面有一层类似明胶样的硬质膜，所以多数消毒剂不能将其杀死。三氯异氰尿酸、强力消毒王及农福等消毒剂，对球虫卵囊有较强的杀灭作用。但是，也不如这类消毒剂对细菌和病毒等的杀灭能力强。原因是，球虫卵囊的抵抗力强，不仅需要较高浓度的消毒液，而且作用的时间也要长。

（2）防控球虫病消毒的注意事项　由于上述原因，对防控球虫病的消毒，应注意以下事项。

① 要使用高浓度的消毒液进行消毒，否则难以杀灭球虫卵囊，达不到防控球虫病的目的。通常三氯异氰尿酸在每升水中需加入2～3克；强力消毒王在每升水中需加入3～5克；农福在每升水中需加入30～50毫升。

② 消毒作用时间要长，需要达到6小时以上，才能收到消毒效果。

③ 不要只限于鸡舍床面的消毒，床面消毒不可能全部杀灭球虫卵囊，还要靠消毒液排放到排水沟后，继续发挥消毒作用。因此，在排水口附近，要重点泼洒高浓度的消毒液。

④ 用火焰消毒的效果最好，可用火焰喷枪烧燎床面。但对进入水泥床面裂痕或小缝隙的球虫卵囊，往往火焰达不到，不能将其杀死。球虫卵囊在干热环境中（无水分状态）80℃时能存活5分钟，但在80℃水中1分钟即可死亡。所以，用火焰喷烧时，稍微加热是不够的，须分区段、小部分、逐个地充分喷烧才能奏效。

⑤ 处理好垫料和鸡粪，是决定鸡舍消灭球虫病成败的关键，所以焚烧垫料是最好的处理方法。用火干燥或发酵鸡粪，能把粪中的球虫卵囊完全杀死。在作发酵处理时，要尽可能不使粪便撒落在鸡舍周围和道路上。

此外，常见在相同雏鸡、相同饲料、相同管理方式的情况下，有不发生球虫病的鸡舍，有常发生球虫病的鸡舍。后者多是由于床面凹陷、饮水器漏水、潮湿、换气不良等原因所造成。因此，应注意改善鸡舍构造，去除球虫病发生的环境条件，这对防控球虫病是很重要的。

十、人工授精器械消毒

人工授精需要集精杯、储精器和授精器及其他用具，使用前需要进行彻底的清洁消毒，每次使用后也要清洁消毒以备后用，其消毒方法如下。

（一）新购器具消毒

新购的玻璃器具常附着有游离的碱性物质，可先用肥皂水浸泡和洗刷，然后用自来水洗干净，浸泡在1%～2%盐水溶液中4小时，再用自来水冲洗，然后用蒸馏水洗2～3次，放在100～130℃的干燥箱内烘干备用。

（二）器具使用过程中消毒

每次使用后的采精杯、储精器浸在清水中，然后用毛刷或大骨鸡毛细心刷洗，用自来水冲洗干净后放在干燥箱内高温消毒备用。或用蒸馏水煮沸0.5小时，晾干备用。

授精器应该反复吸水冲洗，然后再用自来水冲洗干净煮沸消毒，或浸在0.1%的新洁尔灭溶液中过夜消毒，第2天再用蒸馏水冲洗，晾干备用。如果使用的是塑料制微量吸液器，不能煮沸消毒。每授一只母鸡后使用70%的酒精溶液擦拭授精器的头部，防止由于受精而相互污染。

十一、种蛋消毒

种蛋产出后，经过泄殖腔会被泌尿和消化道的排泄物所污染，蛋壳表面存在有多种细菌，如沙门氏菌、巴氏杆菌、大肠杆菌、亚利桑那菌等。随着时间的推移，细菌繁殖很快。虽然种蛋有胶质层、蛋壳和内膜等几道自然屏障，但它们都不具备抗菌性能，所以部分细菌可以通过一些气孔进入蛋内，严重影响种蛋的质量，对孵化极为不利。因此需要对种蛋进行认真的消毒。

（一）种蛋的消毒时机

种蛋的细菌数量与种蛋产出的时间和种蛋的污浊程度呈高度的正相关。如刚产出的蛋细菌数为300～500个，产出15分钟后增至1500～3000个，1小时后增至20000～30000个。清洁的蛋，细菌数为3000～3400个，沾污蛋细菌数为25000～28000个，脏蛋为39000～43000个。另外，气温高低和湿度大小也会影响种蛋的细菌数。所以种蛋的消毒时机应该在蛋产出后立即消毒，可以消灭附着在蛋壳上的绝大部分细菌，防止细菌侵入蛋内，但在生产中不易做到。生产中，种蛋的第1次消毒是在每次捡蛋完毕立即进行消毒。为缩短蛋产出到消毒的间隔时间，可以增加捡蛋次数，每天可以捡蛋5～6次。种蛋在入孵前和孵化过程中，还要进行多次消毒。

（二）消毒方法

1. 蛋产出后的消毒

蛋产出后，一般多采用熏蒸消毒法。

（1）**福尔马林熏蒸消毒**　在禽舍内或其他合适的地方没置一个封闭的箱体，箱的前面留一个门，为方便开启和关闭箱体用塑料布封闭。箱体内距地面30厘米处设钢筋或木棍，下面放置消毒盆，上面放置蛋托。按照每立方米空间用福尔马林溶液30毫升、高锰酸钾15克。根据消毒容积称好高锰酸钾放入陶瓷或玻璃容器内（其容积比所需福尔马林溶液大5～8倍），再将所需福尔马林量好后倒入容器内，二者相遇发生剧烈化学反应，可产生大量甲醛气体杀死病原菌，密闭20～30分钟后排出余气。

（2）**过氧乙酸消毒法**　过氧乙酸是一种高效、快速、广谱消毒剂，消毒种蛋每立方米用含16%的过氧乙酸溶液40～60毫升，加高锰酸钾4～6克熏蒸15分钟。过氧乙酸遇热不稳定，如40%以上浓度加热至50℃易引起爆炸，应在低温下保存。它无色透明、腐蚀性强，不能接触衣服、皮肤，消毒时可用陶瓷或搪瓷盆，现配现用。

2. 种蛋入孵前消毒

蛋入孵前可以使用熏蒸法、浸泡法和喷雾法。

（1）**熏蒸法消毒**　将种蛋码盘装入蛋车后推入孵化箱内进行

福尔马林或过氧乙酸熏蒸。

（2）**浸泡法消毒** 使用消毒液浸泡种蛋。常用的消毒剂有0.1%新洁尔灭溶液，或0.05%高锰酸钾溶液，或0.1%的碘溶液，或0.02%的季铵溶液等。浸泡时水温控制在43～50℃。适合孵化量少的小型孵化场的种蛋消毒。在消毒的同时，对入孵种蛋起到预热的作用。平养（如鸭、鹅）家禽脏蛋较多时，较为常用此法。如取浓度为5%的新洁尔灭原液一份，加50倍40℃温水配制成0.1%的新洁尔灭溶液，把种蛋放入该溶液中浸泡5分钟，捞出沥干入孵。如果种蛋数量多，每消毒30分钟后再添加适量的药液以保证消毒效果。使用新洁尔灭时，不要与肥皂、高锰酸钾、碱等并用，以免药液失效。

（3）**喷雾法消毒**

① 新洁尔火药液喷雾。新洁尔灭原浓度为5%，加水50倍配成0.1%的溶液，用喷雾器喷洒在种蛋的表面（注意上下蛋面均要喷到），经3～5分钟，药液干后即可入孵。

② 过氧乙酸溶液喷雾消毒。用10%的过氧乙酸原液，加水稀释200倍，用喷雾器喷于种蛋表面。过氧乙酸对金属及皮肤均有损害，用时应注意避免用金属容器盛药和勿与皮肤接触。

③ 二氧化氯溶液喷雾消毒。用浓度为80微克/毫升微温二氧化氯溶液对蛋面进行喷雾消毒

④ 季铵溶液喷雾消毒。200毫克/千克季铵盐溶液，直接用喷雾器把药液喷洒在种蛋的表面消毒效果良好。

（4）**温差浸蛋法** 对于受到某些疫病污染，如败血型霉形体、滑液囊霉形体污染的种蛋可以采用温差浸蛋法。入孵前将种蛋在37.8℃下预热3～6小时，当蛋温度升到32.2℃左右时，放入抗菌药（硫酸庆大霉素、泰乐菌素+碘+红霉素）中，浸泡15

分钟取出，可杀死大部分霉形体。

（5）**紫外线及臭氧发生器消毒法**　紫外线消毒法是安装40瓦紫外线灯管，灯管距离蛋面40厘米，照射1分钟，翻过种蛋的背面再照射1次即可。

臭氧发生器消毒是把臭氧发生器装在消毒柜或小房内，放入种蛋后关闭所有气孔，使室内的氧气（O_2）变成臭氧（O_3），达到消毒的目的。

（三）注意事项

1. 种蛋保存前消毒（在种鸡舍内进行）一般不使用溶液法

因为使用溶液法，容易破坏蛋壳表面的胶质层。保护膜破坏后，蛋内水分容易蒸发，细菌也容易进入蛋内，不利于蛋的存放和孵化。

2. 熏蒸消毒的空间密闭要好

要达到理想的消毒效果，要求消毒的环境温度24 ～ 27℃，相对湿度75% ～ 80%。熏蒸消毒只能对外表清洁的种蛋有效，外表粘有粪土或垫料等的脏蛋，熏蒸消毒效果不好，为此，将种蛋中的脏蛋淘汰或用湿布擦洗干净再熏蒸消毒。

3. 使用浸泡法消毒时，溶液的温度要高于蛋温

如果消毒液的温度低于蛋温，种蛋内容物收缩，使蛋形成负压，这样反而会使少数蛋表面微生物或异物通过气孔进入蛋内，影响孵化效果。另外，溶液的温度高于蛋温可使种蛋预热。传统的热水浸蛋（不加消毒剂）只能预热种蛋，起不到消毒的作用。

4. **运载工具、种蛋的消毒**

蛋箱、雏禽箱和笼具等频繁出入禽舍，必须经过严格的消毒，所有运载工具应事先洗刷干净，干燥后进行熏蒸消毒后备用。种蛋收集后经熏蒸消毒后方可进入仓库或孵化室。

十二、孵化场的卫生消毒

孵化场是极易被污染的场所，特别是收购各地种蛋来孵化的孵化场（点），污染更为严重。许多疾病是通过孵化场的种蛋、雏鸡传播、扩散。被污染严重的孵化场，孵化率也会降低。因此，孵化场地面、墙壁、孵化设备和空气的清洁卫生非常重要。

（一）工作人员的卫生消毒

要求孵化工作人员进场前先经过淋浴更衣，每人一个更衣柜，并定期消毒，孵化场工作人员与种鸡场饲养人员不能互串，更不允许外人进入孵化场区。运送种蛋和接送雏鸡的人员也不能进入孵化场，孵化场内仅设内部办公室，供本场工作人员使用。对外办公室和供销部门，应设在隔离区之外。

（二）出雏后的清洗消毒

每批出雏后都会对孵化出雏室带来严重的污染，所以在每批出雏结束后，应立刻对设备、用具和房间进行冲洗消毒。

1. **孵化机和孵化室的清洗消毒**

拉出蛋架车和蛋盘，取出增湿水盘，先用水冲洗，再用新洁尔灭擦洗孵化机内外表面及顶部，用高压水冲刷孵化室地面，然后用甲醛熏蒸孵化机，每立方米用甲醛40毫升、高锰酸钾20克，在温度27℃、湿度75%以上的条件下密闭熏蒸1小时，然后打开机门和进出气孔，让其对流散尽甲醛蒸气。最后孵化室内用甲醛14毫升、高锰酸钾7克，密闭熏蒸1小时，或者两者用量加大1倍，熏蒸30分钟。

2. 出雏机及出雏室的清洗消毒

拉出蛋架车及出雏盘，将死胎蛋、死弱雏及蛋壳打扫干净，出雏盘送洗涤室，浸泡在消毒液中，或送蛋、雏盘清洗机中冲洗消毒；清除出雏室地面、墙壁、天花板上的污物，冲洗出雏机内外表面，然后用新洁尔灭溶液擦洗，最后每立方米用40毫升甲醛和20克高锰酸钾熏蒸出雏机和出雏盘、蛋架车；用0.3%～0.5%浓度的过氧乙酸（每立方米用量30毫升）喷洒出雏室的地面、墙壁和天花板。

3. 洗涤室和雏鸡存放室的清洗消毒

洗涤室是最大的污染源，是清洗消毒的重点，先将污物（如绒毛、碎蛋壳等）清扫装入塑料袋中，然后用水冲洗洗涤室和存雏室的地面、墙壁和天花板，洗涤室每立方米用甲醛42毫升，高锰酸钾21克，密闭熏蒸1～2小时。

（三）孵化场废弃物的处理

孵化场的废弃物要密封运送。把收集的废弃物装在容器内，按顺流不可逆转的原则，通过各室从废弃物出口装车送至远离孵化场的垃圾场焚烧。如果考虑到废物利用，可采用高温灭菌的方法处理后用作家畜的饲料，因为这些弃物中含蛋白质22%～32%、钙17%～24%、脂肪10%～18%；但不宜用作禽的饲料，以防消毒不彻底，导致疾病传播。

第三节　牛羊场消毒要点

由于养牛和养羊业的高度集约化生产，消毒防病工作在牛羊场生产中具有重要意义。因此，为了保证牛羊业健康，养牛和养羊场必须建立严格的消毒管理措施。牛羊场消毒要点如下。

一、饲料的消毒

牛羊的饲料主要为草类、秸秆、豆荚等农作物的茎叶类粗饲料和豆类、豆饼、玉米类合成的精饲料两类。

粗饲料灭菌消毒主要靠物理方法，保持粗饲料的通风和干燥，经常翻晾和日光照射消毒。对于青饲料则要加强保鲜，防止霉烂，最好当日割当日吃掉。精饲料要注意防腐，经常晾晒。必要时，在精饲料库配有紫外线消毒设备，定期进行消毒杀菌。合成的多维饲料应是经辐射灭菌的成品，是畜禽养殖场最理想的精饲料。

二、环境消毒

（一）圈舍、道路和其他建筑物消毒

新建的养牛场或养羊场，全面进行清理、清扫，然后使用3%～5%的氢氧化钠溶液或5%的甲醛溶液进行全面、彻底的喷洒。不易燃的牛羊舍，也可采用焚烧法，即将地面、墙壁用喷火器进行消毒，这种方法能消灭抵抗力强的致病性芽孢杆菌等病原体。

牛羊场的预防性消毒，首先进行机械清扫，采用清扫、洗刷、通风等方法将垃圾和粪便清除。牛羊舍、运动场、围墙、用具、办公室及宿舍，可使用3%漂白粉溶液、3%～5%硫酸石炭酸合剂热溶液、15%新鲜石灰混悬液、4%氢氧化钠溶液、3%克辽林乳剂或2%甲醛溶液等进行喷涂消毒。为了节约用药、降低成本，可采用热草木灰水（30份草木灰，加100份水，煮沸20～30分钟，滤取草木灰水）进行消毒。每月进行1～2次；在针对某种传染病进行预防消毒时，须选择适宜的药品和浓度，每次消毒都要全面彻底。

（二）土壤的消毒

牛羊四肢强健喜动，应在圈舍周围留置一定面积的空地作为牛羊的运动场所。如果是硬化（水泥或沥青）的场地，消毒方法同圈舍消毒。

运动场是面积较大的泥土场地，注意土壤的消毒。在自然界中，土壤是微生物生存的主要场所，1克表层泥土可含各种微生物10^7～10^9个。土壤中的微生物数量、类群，随着土层深度、有机物的含量、温度、湿度、pH值、土壤种类而有所不同。一般以10～20厘米的浅层土壤中微生物含量最多。土壤中的微生物和种类有细菌、放线菌、真菌等，其中细菌含量较多。病原微生物随着病人及患病牛羊的排泄物、分泌物、尸体和污水、垃圾等污物进入土壤而使土壤污染。不同种类的病原微生物在土壤中生存的时间有很大差别，一般无芽孢的病原微生物生存时间较短，几小时到几个月不等，而有芽孢的病原微生物生存时间较长，如炭疽杆菌芽孢在土壤中存活可达十几年以上。

在消灭病原微生物时，生物学和物理学消毒因素发挥着重要作用。疏松土壤，可增强微生物间的拮抗作用，使其充分接受阳光紫外线的照射；可以运用化学消毒法进行土壤消毒，以迅速消灭土壤中病原微生物。化学消毒时常用的消毒剂有漂白粉或5%～10%漂白粉澄清液、4%甲醛溶液、10%硫酸苯酚合剂溶液、2%～4%氢氧化钠热溶液等。消毒前应首先对土壤表面进行机械清扫，被清扫的表土、粪便、垃圾等集中深埋或生物热发酵或焚烧，然后用消毒液进行喷洒，每平方米用消毒液1000毫升。

如果牛羊场严重感染，首先确定病原微生物种类，选择适宜的消毒药品、适宜的浓度，对运动场、牛羊舍地面、墙壁和运输车辆等进行全面彻底的消毒，对饲槽、饮水器具等用消毒药品消毒。先将粪便、垫草、残余饲料、垃圾加以清扫，堆放在指定地点，发酵处理或焚烧及深埋。对地面、墙壁、门窗、饲槽用具等进行严格的消毒或清洗，对牛羊舍进行气体消毒，每立方米空间应用福尔马林25毫升、水12.5毫升、高锰酸钾12.5克，先把水和福尔马林置于金属容器中混合后，将事先称好的高锰酸钾倒入，立即有甲醛气蒸发出来，消毒过程中应将门窗关闭，经12～24小时后再打开门窗通风，用熏蒸消毒之前，应将牛羊赶出，并把舍内用具搬开，以达气体消毒目的。对污染的土壤地面，如芽孢杆菌污染的地面，首先使用10%漂白粉溶液喷洒，然后掘起表土30厘米左右，撒上漂白粉，与土混合后将其深埋（或用消毒剂喷洒后，掘地翻土30厘米左右，撒上漂白粉并与土混合），如为一般传染病，漂白粉用量为每平方米0.5～2.5克；水泥地面使用消毒液喷洒消毒。

发现发生传染病的病畜，应该迅速隔离，对危害较重的传染病应及时封锁，进出人员、车辆等要严格消毒，要在最后一头病牛或病羊痊愈后2周内无新病例出现，经全面大消毒，并经上级部门批准后方可解除封锁。增加消毒次数，对疑似和受威胁区的牛羊群进行紧急预防接种，并采取合理治疗等综合防治措施，以减少不必要的经济损失。对病畜或疑似病畜使用过的和剩余的饲料及粪便、污染的土壤、用具等进行严格消毒。病畜或疑似病畜用过的草场、水源等，禁止健康畜使用，必要时要暂时封闭，在最后一头病畜痊愈或屠宰后，经过一定的封锁期，再无新病例发生时，方可使用。

三、器具消毒

牛羊舍内料槽、水槽以及所有的饲养用具，除了保持清洁卫生外，要每天刷洗，每周用高锰酸钾或过氧乙酸或二氧化氯等喷洒涂擦消毒 1～2 次，每个季度要大消毒 1 次，牛羊舍的饲养用具各舍要固定专用，不得随便串用，用后应放在固定的位置。饲槽消毒时要首先选用没有气味、不能引起中毒的消毒药品。

四、牛羊的体表消毒及蹄部、乳部卫生保健

（一）体表消毒

牛羊体表消毒主要指经皮肤、黏膜施用消毒剂消毒的方法，不仅有预防各种疾病的意义，也有治疗意义。体表给药可以杀灭牛羊体表的寄生虫或微生物，有促进黏膜修复和恢复的生理功能。羊的体表消毒常用方法主要为药浴、涂擦、洗眼、点眼、阴道子宫冲洗等。

养牛场要在夏秋季进行全面的灭蝇工作，并各检查一次虱子等体表寄生虫的侵害情况。对蠕形螨、蜱、蠓、虻等的消毒与治疗见表 5-2。

表5-2　牛体表消毒药剂名称、用量及注意事项

类型	药剂名称及用量	注意事项
蠕形螨	14%碘酊涂擦皮肤，如有感染，注射抗生素和台盼蓝	定期用苛性钠溶液或新鲜石灰乳消毒圈舍，对病牛舍的围墙用喷灯火焰杀螨
蠓、蜱	5%～1%敌百虫、氰戊菊酯、溴氰菊酯溶液喷洒体表	注意药量，注意灭蜱和避蜱
虻	敌百虫等杀虫药剂喷洒	

（二）牛蹄部的卫生保健

　　每天坚持清洗蹄部数次，使之保持清洁卫生。每年春、秋季各检查和修整蹄1次，对患有肢蹄病的牛要及时治疗。每年蹄病高发季节，每周用5%硫酸铜溶液喷洒蹄部2～3次，以降低蹄部发病率。牛舍和运动场的地面应保持平整，随时清除污物，保持干燥。严禁用炉灰渣或碎石子垫运动场或奶牛的走道。要经常检查奶牛日粮中营养平衡的状况，如发现有问题要及时调整，尤其是蹄病发病率达到15%以上时，更要引起重视。禁用有肢蹄病遗传缺陷的公牛精液进行配种。

（三）牛乳房的卫生保健

　　经常保持牛床及乳房清洁，挤奶时，必须用清洁水（在6～10月，水中可以加1%漂白粉或0.1%高锰酸钾溶液等）清洗乳房，然后用干净的毛巾擦干。挤完奶后，每个乳头必须用3%～4%次氯酸钠溶液等消毒药浸泡数秒钟，停乳前10天要进行隐性乳房炎的监测，如发现"＋＋"以上阳性反应的要及时治疗，在停乳前3天内再监测数次，阴性反应的牛方可停乳。停乳时，应采用效果可靠的干乳药进行药物快速停乳。停乳后继续药浴乳头1周，预产前1周恢复药浴，每天2次。

五、皮革原料和羊毛的消毒

皮革原料和羊毛等畜产品容易传播疾病。皮革原料和羊毛的消毒，通常是用福尔马林气体在密闭室中熏蒸，但此法可损坏皮毛品质，且穿透力低，较深层的物品难以达到消毒的目的。目前广泛利用环氧乙烷气体来进行消毒。此法对细菌、病毒、立克次体及霉菌均有良好的消毒作用，对皮毛等畜产品中的炭疽杆菌芽孢也有较好的消毒效果。消毒时必须在密闭的专用消毒室或密闭良好的容器（常用聚乙烯或聚氯乙烯薄膜制成的篷布）内进行。环氧乙烷的用量，如消毒病原体繁殖型，每立方米用300～400克，作用8小时；如消毒芽孢和霉菌，每立方米用700～950克，作用24小时。环氧乙烷的消毒效果与湿度、温度等因素有关，一般认为，相对湿度为30%～50%，温度在18℃以上、54℃以下，最为适宜。环氧乙烷的沸点为10.7℃，通常呈液态，遇明火易燃易爆，对人有中等毒性，应避免接触其液体和吸入其气体。

第四节　兔场消毒要点

一、人员消毒

外来人员谢绝进入兔舍，饲养管理人员要经过紫外线照射、脚踏消毒池（在出入口建造消毒池，池内放置5%的火碱溶液）和换工作服后方可进入兔舍。饲养人员穿戴好工作服上班工作，工作前要做好兔舍的清洁卫生；接触兔前要用2%的来苏儿溶液或5%的新洁尔灭溶液或0.1%～0.2%的益康溶液洗手消毒。工作服每周要清洗消毒2～3次。

二、地面消毒

兔舍地面是兔舍小环境的重要组成部分，也是兔排泄粪尿的场所，因此地面消毒很重要。每天要及时清扫粪便，因为大多数的病原微生物会随同粪便一同排出，污染兔舍内的环境。短时间内将带有病原微生物的粪便清除，对预防兔群疾病的发生有很大好处。定期喷洒消毒药物，如3%～5%的来苏儿溶液或0.01～0.05%的复合份溶液（农福、菌毒敌、菌毒净等）或0.5%～1.0%的过氧乙酸溶液或0.1%的强力消毒灵，每周消毒1～2次，墙壁、顶棚每4周清扫1次，进行喷洒消毒。若遇上潮湿天气，应在冲洗完后用石灰粉或草木灰干燥地面，经常保持兔舍通风、干燥、清洁卫生。舍外地面、道路每天清扫，3%～5%的火碱溶液或5%的甲醛溶液每周喷洒消毒1～2次。

三、兔舍的消毒

引种前2～3天，应对兔舍进行彻底消毒，一般采用熏蒸消毒法，即取高锰酸钾25克、甲醛溶液70～100毫升，两者混合会发生剧烈反应，挥发到空气中的甲醛气体有强烈的杀菌消毒作用。熏蒸消毒应连续进行2～3次，进兔前12小时停止使用。有条件的可在兔舍安置紫外线灯，紫外线有强烈的杀菌消毒作用，可持续照射5～6小时，停12小时，反复使用效果更好。

四、设备用具消毒

（一）食具的消毒

做好食具的卫生工作尤为重要，因为兔的一些粪便、鼻涕、唾液、乳汁等也会对食具产生污染，从而传播疾病。水槽、食盆每天清洗，每周用0.01%～0.05%高锰酸钾溶液或0.5%～1.0%的过氧乙酸浸泡或喷洒消毒1～2次。每周彻底消毒1次。将水槽、食盆从笼具上取下，集中起来用清水清洗干净，放入配制好的消毒液中浸泡30分钟，再清洗后晾干即可使用。

（二）笼具消毒

兔笼空笼时，按使用说明用杀菌力较强的消毒液（如来苏儿、甲醛、烧碱等）消毒，但应注意消毒后须放置2～3天再放兔，还可用喷灯进行火焰消毒，火焰应达到笼具的每个部位，火焰消毒数小时后便可放兔。彻底消毒一般1月1次。这样，对预防兔的球虫病、疥癣病有特效。笼具使用期间，按使用说明用百毒杀或水易净等按一定比例配置溶液，对笼具进行喷洒消毒，一般每3天喷洒1次；其他用具保持清洁卫生，经常消毒。

（三）产箱的消毒

对使用过的产箱应先倒掉里面的垫物，再用清水冲洗干净，晾干后，在强日光下曝晒5～6小时，冬天可用紫外线灯照射5～6小时，再用消毒液喷雾消毒后备用。对预防兔体表真菌病有良好效果。

（四）运输工具的消毒

运输工具可能因经常运输家兔或其产品而被污染，装运前后和运输途中若不进行消毒，可能会造成运输家兔的感染及兔产品的污染，严重时会引起病原沿途散播，造成疫病流行。因此，装运家兔及其产品的运载工具，必须进行严格的消毒。家兔及其产品运出县境时，运载工具消毒后还应由畜禽防检机构出具消毒证明。运载工具消毒时，应注意根据不同的运载工具选用不同的消毒方法和消毒药液，如选用2%～5%漂白粉澄清液或2%～4%氢氧化钠溶液或4%福尔马林溶液或0.5%过氧乙酸或20%石灰乳等进行消毒，每平方米用量为0.5～1升。金属笼筐也可使用火焰喷灯来烧灼消毒。

（五）特定器械消毒

1.　器械消毒

手术器械可煮沸消毒，也可用70%～75%酒精消毒。注射器用完后里外冲刷干净，然后煮沸消毒。医疗器械应每日消毒1次。

2.　去势消毒

肉用公兔一般3～4周龄去势，去势前切口部位要用70%～75%酒精消毒，待干燥后方可实施去势，消毒后再涂以2%碘酒消毒。

3.　注射消毒

在注射部位剪毛后用70%～75%酒精，注射后用2%碘酒消毒。

五、粪便消毒

兔舍内的粪便随时清理、冲洗干净，再用10%～20%的石灰乳或5%的漂白粉搅拌消毒。不能直接用新鲜兔粪种植牧草，每天应将清扫出的新鲜兔粪尿堆积发酵，进行无害化处理后再用作肥料。

六、消毒杀虫

夏秋季定期喷洒0.1%的除虫菊酯或0.1%～0.2%蜱塞敌等

防止蚊蝇的滋生。

第五节　水产养殖场消毒要点

　　水产养殖场的每一个环节都应抓好水体环境卫生，确保养殖的水产动物不受病害侵袭。

一、环境消毒

　　水产养殖场场内及周围环境定期消毒。每周使用福尔马林（即40%的甲醛溶液）稀释成5%的浓度进行环境喷洒消毒1次；或撒布新鲜的生石灰进行消毒；或用1份的EM生态制剂，兑50份的水，在晴天的傍晚对养殖场进行消毒。

二、池塘消毒

（一）池塘空闲时的消毒

1. 曝晒消毒

　　养殖户可以利用冬闲季节或养殖空闲期，结合养殖茬口安排，将塘中水抽干，让池底、池塘曝晒数日，以消灭底泥及池边的细菌、寄生虫等有害物质，为下一季的生产提供良好的环境。一般来说，在阳光直射的条件下，经6个小时的日晒，多数细菌就会死亡，即可达到消毒的目的。在冬季及阳光不充分的条件下，应尽量延长日晒时间；在夏季及阳光充足的条件下，则应适当减少日晒时间。

2. 冰冻消毒

　　多数病菌及寄生虫在0℃以下的环境下都不能存活。鱼池在冬捕完毕后，可经冰冻10～20天，可彻底消灭残存的细菌及寄生虫。

3. 药物消毒

起捕后的空闲鱼塘，若来不及冰冻、日晒，也可用生石灰、漂白粉等药物加重用量全池泼洒，即可达到池塘药物消毒的目的。通常每亩用量，生石灰干法消毒75～100千克；有水消毒，平均水深1米用生石灰100～200千克；漂白粉平均1米水深用13～15千克，1周后，池塘即可放养。

4. 冲洗消毒

将鱼池及渔具、食台等地方，用干净的水源进行机械清洗，可直接冲走污物、残饵等杂质，也可间接消除吸附在其表面的细菌、虫卵，以增强消毒效果。

（二）池塘使用过程中的消毒

养殖过程中，由于污物的积累及残饵的日益增多，待水温适宜时，水中也会大量滋生细菌、病毒及寄生虫，若不及时采取水体消毒措施，就会造成水生动物疫病的发生和蔓延，最终会给养殖户带来损失。这时，养殖户可用季铵盐类、生石灰、氯制剂、碘制剂等有效药物，按要求的用量全池化水泼洒，泼洒时应力求均匀，最好不留死角，才能够达到消毒的目的。如季铵盐类消毒剂由于作用时间长，即使在相对静止的水体中，亦可通过扩散作用使部分药物到达底层，而且铵盐类消毒剂特别适合于海水水体消毒，也适合在用了生石灰调节水质后的水体消毒（在pH3时效果很差，在pH 8～10时效果最好，如很多消毒剂如含氯消毒剂、含碘消毒剂等都不宜和生石灰同用）。在水产养殖动物放养或分池时，新池中使用0.0003%～0.0005%（3～5毫升/米³水）；疾病预防时，全池泼洒0.0005%～0.0008%（5～8毫升/米³水），每10天1次。疾病治疗时，全池泼洒0.0008%～0.0015%（8～15毫升/米³水），隔天1次，连用2～3次。

如要防治水产养殖动物白斑病，可使用福尔马林40～70毫升/米³水，隔天1次，连用2～3次。实践证明，在养殖池中使用EM生态制剂进行消毒，分2～3次进行。第1次每立方米用5毫升EM生态制剂，用水稀释后泼洒；隔10天后，每立方米用2毫升泼洒；视水体情况，间隔20天后再使用。

三、水生动物消毒

放养鱼种前，用药物化成溶液后浸泡鱼体，能快速杀灭鱼体表面及鳃部的寄生虫，还会愈合伤口，快速恢复鱼、虾蟹等水生动物的体质。养殖户应根据季节、时间、温度、鱼种等不同情况，选择不同的鱼体消毒药物。通常鱼体消毒药物的浓度是硫酸铜8毫克/升、漂白粉10毫克/升、高锰酸钾10～20毫克/升、敌百虫3毫克/升或食盐3%～5%。如每立方米水放用8克硫酸铜和10克漂白粉，药浴10～30分钟，能杀灭鱼体表面及鳃上的细菌、原虫和孢子虫（形成孢子虫囊的除外）。

四、给饵消毒

在鱼病高发季节或养殖过程中，可以不定期地向投喂的饵料中拌入一定比例的药物，通过摄食，药物进入鱼体内，也能达到消毒鱼体、防治病害的目的。常用的拌饵药物有大蒜素、敌百虫、三黄粉、止血灵及EM生态制剂等。如按饲料的0.5%比例，将EM生态制剂直接拌入饲料中，即拌即用，可以减少疾病发生，提高饲料利用率。

五、废弃物消毒

鱼池边的废弃物及病死水生动物的尸体等装入密封的袋内，运到指定地点进行处理消毒。焚烧是最彻底的一种消毒方法，可先将这些物质晒干，再进行焚烧。焚烧时，人需站在上风口，焚烧后的灰烬要及时消除，最好深埋，不要随便放在池边，以防造成污染。

六、器具消毒

如在催产亲鱼时，要对使用的注射器、解剖刀等金属和玻璃制品等进行消毒。蒸煮消毒效果良好。蒸煮能使细菌体的蛋白质凝固变性，大多数病原体经过15 ~ 30分钟的蒸煮均可死亡。

七、特殊消毒

如人工催产后的亲鱼及龟鳖等特种水生动物体表发炎或受伤，都可用药膏涂抹在伤口及病灶处，以杀死细菌、消除感染，使身体快速生长。常用的体表涂抹药物有氟哌酸软膏、四环素可的松软膏、硫黄软膏等。

第六章
消毒效果的检查和评价

Chapter 06

消毒是畜禽养殖中防止疾病的重要一环，但消毒效果又受到多种因素影响，如消毒药物的种类和质量、消毒途径和方法、消毒对象的洁净程度以及消毒环境条件等，如果不进行消毒效果检查，不了解消毒的效果，消毒就具有较大盲目性，也可能起不到应有的作用，达不到消毒目的。所以消毒后，使用某种方法或某种药物消毒，最好进行定期或不定期的消毒效果检查，检验消毒效果的好坏，做到心中有数。

第一节　物理消毒法消毒效果的检测与评价

一、热力灭菌效果的检测与评价

（一）干热灭菌效果的检查

1. 化学检测法

（1）检测方法　将既能指示温度变化又能指示温度持续时间

的化学指示卡 3 ～ 5 个分别放入待灭菌的物品中，并置于灭菌器中热量最难达到的灭菌部位。经一个灭菌周期后，取出化学指示剂，据其颜色及性状的变化判断是否已经达到灭菌条件。

（2）**结果判定**　检测时，所放置的化学指示卡的颜色及性状均变至规定的条件，则为达到灭菌条件；若其中之一未达到规定的条件，则为未达到灭菌条件。

2. 物理检测法

（1）**检测方法**　检测时，将多点温度检测仪的多个探头分别放于灭菌器各层内、中、外各点，灭菌物品容量不能超过80％，关好柜门，将导线引出，通过记录仪显示来观察温度上升与持续时间。

（2）**结果判定**　若所示温度（曲线）达到预置温度及时间（160℃ 2小时），则灭菌温度合格。

3. 生物检测法

（1）**指示菌株**　枯草杆菌黑色变种芽孢（ATCC9372）。

（2）**检测方法**

第一步：检测时取灭菌小滤纸条（30毫米×5毫米）数条，浸入已培养的枯草杆菌黑色变种芽孢肉汤培养物中片刻，取出后放于灭菌平皿中，置温箱中烘干。每片滤纸条含菌量为 $5.0 \times 10^5 \sim 5.0 \times 10^6 CFU$。

第二步：待染菌滤纸条干后，分别放于有棉塞的灭菌的小试管中，每管1条。

第三步：将小试管放于160 ～ 170℃的干热灭菌箱中，于5分钟、10分钟、30分钟、40分钟、50分钟、60分钟各取出一管，以灭菌的镊子取出纸条放于不同的肉汤管中，置37℃温箱中培养24～48小时。

第四步：检查各管中的细菌生长情况，以判定在160～170℃的干热条件下，不同时间的杀菌效果。

（3）结果判定　若每个纸条接种的肉汤均澄清透明，判为灭菌合格；若接种的肉汤浑浊，判为灭菌不合格。对难以判断的肉汤管取0.1毫升接种于营养琼脂平板，置37℃温箱中培养24～48小时，判断是否有指示菌生长，若有指示菌生长，判为灭菌不合格，若无指示菌生长，判为灭菌合格。

二、压力蒸汽灭菌效果的检测与评价

（一）物理测试法

测试灭菌器（柜）的温度要使用留点温度计，它能指示出灭菌器（柜）内在消毒过程中达到的最高温度，从而确定是否已达到灭菌要求。

具体操作方法：在灭菌前，先将温度计的水银柱甩到15℃以下，然后放置于灭菌器（柜）内物品的中心部位（最难灭菌处）。

灭菌完毕后，取出并观察其所指示温度，若指示温度达不到灭菌要求的温度，表明所放置的物品未达到灭菌要求。

该方法仅能指示灭菌过程所达到的最高温度，不能指示温度的持续时间，只可作为消毒效果的一个参考指标。

（二）化学检测法

压力蒸汽灭菌效果可使用化学指示剂进行检测，该检测是一种间接指标，一般多用于日常检测。

常用化学指示标签进行检测，这种标签既能指示最低温度，又能指示一定温度所持续的时间。检测时将化学指示标签放入待灭菌物品内最难灭菌的部位，在灭菌结束后，取出化学指示标签，根据颜色或性状的变化来判断是否达到灭菌要求。不同的检测要求可采用不同的指示卡，如121℃、20分钟压力蒸汽灭菌指示卡，用于下排气压力蒸汽灭菌效果的检测；B-D试纸（冷空气测试卡）用于检测压力蒸汽灭菌器灭菌时冷空气是否彻底排出。

结果判断：在测试时所放置的指示卡的性状或颜色均变至规定的条件或颜色，可判为物品灭菌合格。

（三）生物检测法

生物检测是用国际标准抗力的细菌芽孢所制成的干燥菌片或是用菌片与培养基组成的生物指示剂来进行检测。通过生物指示剂是否完全被杀灭来判断物品包的微生物是否完全被杀灭。

1. 指示菌株

指示菌株为耐热的嗜热脂肪杆菌芽孢（ATCC7953或SSIK31株），菌片含菌量$5.0×10^5 \sim 5×10^6$CFU/片（CFU为菌落形成单位，指单位体积中的活菌个数）。

2. 培养基

溴甲酚紫葡萄糖蛋白胨水培养基。

3. 测定方法

将嗜热脂肪杆菌芽孢片分别装入已经灭菌的小纸袋内，每袋两片，置于灭菌柜内各层内、中、外三点，若使用手提压力灭菌器，则将指示菌片分别放在灭菌物品中心的两个灭菌试管内，并盖上塞子（试管用灭菌牛皮纸包封），经一个灭菌周期后，在无菌条件下取出指示菌片，投入溴甲酚紫葡萄糖蛋白胨水培养基中，经（56±1）℃培养7天，观察培养基颜色变化。

4. 结果判定

每个指示菌片接种的溴甲酚紫葡萄糖蛋白胨水培养基都不变化，判定为灭菌合格；若有一个指示菌片接种的溴甲酚紫葡萄糖蛋白胨水培养基由紫色变为黄色时，则判定灭菌不合格。

三、紫外线消毒效果的检测与评价

紫外线可以杀灭各种微生物，包括细菌繁殖体、芽孢、分枝杆菌、病毒、立克次体和支原体等。凡被上述微生物污染的表面、水和空气均可采用紫外线消毒。为了防止疫病传播，许多畜禽养殖场使用紫外线灯进行消毒。

紫外灯的杀菌效果可以用生物学方法测定，它不仅可以检查紫外线灯的杀菌效果，而且可以检查紫外线灯使用过程中，其照射强度是否降低或失败。如果只想粗略知道紫外线灯的杀菌效果，有以下两种方法。

第一种是将培养24小时的细菌悬液或制备好的芽孢悬液，涂于营养琼脂平板表面并放于紫外线灯下（距灯中心垂直1米处），照射一定时间（根据被照射微生物所需照射剂量和紫外线光源照射的强度计算照射时间）后，将营养琼脂平板置37℃温箱中培养24小时，观察细菌生长情况。若营养琼脂平板上没有细菌生长或只有数个菌落，表示紫外线灯具有杀菌能力，若营养琼脂平板上细菌菌落数与对照组（未照射平板）很接近，则表示紫外线灯已失效。

第二种是将待检细菌的24小时肉汤培养物接种已溶化并冷至

50℃的深层琼脂多管，混匀后分别将各管倾入不同的灭菌平皿中，待琼脂凝固后，揭开平皿盖，将其置于紫外线灯下照射，于不同时间（5分钟、10分钟、20分钟、40分钟、60分钟）各取出平皿一个，盖上平皿盖，放入37℃温箱中培养24～72小时，观察细菌的生长情况，以测定紫外线对该菌的杀灭效果或该菌对紫外线的抵抗力。

第二节　化学消毒法消毒效果检查及评价

一、微生物学鉴定

微生物学检验方法是鉴定化学消毒效果中最可靠的方法。鉴定的过程中，消毒效果可受各种因素的影响，为便于做出正确结论与互相比较，方法与条件上力求一致。设计鉴定方法时，应注意下列几点。

① 试验菌液的培养，包括菌选择、培养菌龄、传代次数、培养基种类等。

② 染菌样本的制备，包括染菌浓度、方法、载体介质的种类等。

③ 消毒环境的确定，包括温度、湿度、酸碱度、有机物含量、处理方法等。

④ 去除残余消毒剂方法的选择，包括去除方式、处理时机、使用中和剂的种类与浓度等。

⑤ 条件的统一，包括培养基成分（甚至各种配料的牌号与批次）、培养温度与观察最终结果间。

⑥ 试验对照的设计，包括对照的种类、处理方式与样品数量等。

（一）微生物学鉴定的基本步骤

见图6-1。

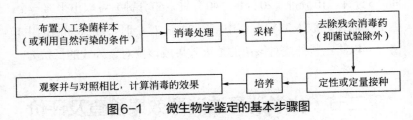

图6-1　微生物学鉴定的基本步骤图

（二）微生物学鉴定基本技术

1. 实验菌种的选择与菌液的制备

（1）**实验菌的选择**　消毒实验中使用的菌株，一般应符合如下条件。

① 于普通培养基上生长良好，培养特性与抗力稳定。

② 菌落与菌体形态典型。

③ 芽孢菌具备易于形成芽孢的特点。

④ 对人、畜无毒或弱毒。

⑤ 对理、化因子的抵抗力应不低于所代表的病原微生物，以使所得效果安全可靠。

实验中，细菌一般多采用具有一定抗力的葡萄球菌（白色或黄色）、大肠杆菌、蜡状杆菌芽孢或枯草杆菌芽孢，部分亦有采用针对性病原菌如大肠杆菌、沙门氏菌、巴氏杆菌、溶血性链球菌（甲型或乙型）者，病毒常用的有新城疫病毒和传染性法氏囊病病毒。

（2）**细菌繁殖体菌悬液的制备**制备步骤如下。

① 取传种过3～14代的24小时斜面培养物。

② 加入5毫升0.03摩尔/升磷酸盐缓冲液（pH7.2）洗下菌苔。

③ 用灭菌脱脂棉过滤。

④ 以同样缓冲液配制成所需浓度的菌悬液备用。此外，亦可用接种环取斜面培养物转种子普通肉汤培养管内，于37℃温箱内培养18～24小时。

（3）细菌芽孢悬液的制备 制备步骤如下。

① 打开干燥菌种管，将之接种于普通肉汤培养基管内，在37℃下培养24小时（第一代）。

② 取肉汤培养物接种于普通琼脂平板上，37℃下培养24小时（第二代）。

③ 挑取典型菌落，转种于普通肉汤培养基管内，置37℃下培养24小时（第三代）。

④ 用吸管吸取肉汤培养物，接种于罗氏瓶内普通琼脂培养基上并使接种物布满于琼脂表面。

⑤ 平放于37℃温箱内培养5～7天。

⑥ 取出罗氏瓶，于室温下放置3～5天。

⑦ 镜检，当芽孢形成达95%以上（每个视野内）时，用0.03摩尔/升磷酸盐缓冲液（pH7.2）洗下。

⑧ 将洗下的悬液放入带有玻璃珠的灭菌瓶中，充分振摇，打碎菌块，使之成为均匀的芽孢悬液。

⑨ 将悬液置于45℃的水浴中24小时，使菌体自溶断链而分散成单个的芽孢；用灭菌棉花纱布过滤芽孢液。

⑩ 将芽孢液放入80℃水浴中10分钟（或60℃中30分钟），以杀灭残余的繁殖体；将制成的芽孢液保存于4℃冰箱中备用。

2. 染菌样本的制备

（1）试验样本的制作

试验片制作：根据试验目的可选择不同材料制成试验片。布制试验片结果稳定，制作方便，可反复使用，采用者较多。一般多采白色亚麻布、平布或纱布等。布应脱脂后再使用，脱脂处理步骤如下。

① 将布放入加有洗衣粉的水中煮沸30分钟。

② 以自来水洗净。

③ 用蒸馏水再煮沸10分钟。

④ 用自来水漂洗3次。

⑤ 晒干熨平。

染菌前，应将脱脂的布裁成0.5厘米×1.0厘米或1.5厘米×1.0厘米的试验片。裁剪时，先按布片的大小将边缘一周的经纬纱各抽去一根（图6-2）并按抽纱痕剪开。此法制成的试验片大小整齐且无毛边。试验片经高压蒸汽灭菌后备用。灭菌后的试验片，可根据试验设计采用气溶胶染菌、浸泡染菌或滴染染菌。染菌量一般多控制在每片 $1×10^5 \sim 1×10^6$ 个菌之间。

抽纱

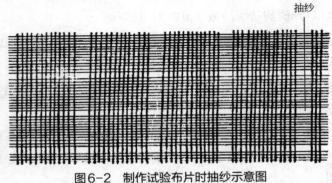

图6-2　制作试验布片时抽纱示意图

线圈制作方法如下。

① 先在直径为0.8 ~ 0.9厘米笔杆末端刻一三角形的凹槽。

② 将外科用3号缝线绕成一小环并用左手拇指压紧于笔杆头上。

③ 用右手将线绕其上，由左至右绕三圈。

④ 将线的末端经缺口（凹槽）插入，与另一端打成一死结（图6-3）。

⑤ 在离结约0.2厘米处剪断线头，取下线圈。

⑥ 高压灭菌后备用。线的粗细和长短关系到染菌量的多少，因此，必须按规定标准进行制作，以求统一。

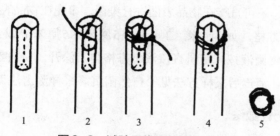

图6-3　试验用线圈的制作方法

（2）试验样本染菌法

① 气溶胶染菌法。用气溶胶喷雾器将预先制备好的菌液在密闭的染菌柜（图6-4）内喷雾1分钟。喷雾完毕，稳定片刻（一般为半分钟）待大颗粒沉降后，将预先准备好的试验样片，由柜下方的抽屉送入柜内，使细菌微粒均匀沉降在样片上（一般为15分钟）。

② 浸泡染菌法。将灭菌后的试验样片（或线圈）平铺于灭菌平皿内，加入菌液，以样片全部浸湿为度，用无菌镊子将菌片（或线圈）移至另一垫有灭菌滤纸的平皿内铺平。将平皿放入37℃

温箱内（20～30分钟）烘干，或置室温下24小时干燥后备用。

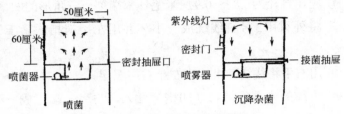

图6-4 染菌柜工作示意图

③ 滴染法。将试验样片干铺于灭菌平皿内，用0.1毫升的微量吸管吸取菌液，按每片0.01或0.02毫升的用量，分别滴于每个样片上，干燥后（方法同②）备用。

此外，还可直接在物品表面进行染菌。事先在物品表面划好一定大小的方格，如2厘米×2厘米或5厘米×5厘米；或10厘米×10厘米。将菌液按规定量直接滴于方格内，涂开，待自然干燥后，进行消毒。消毒后采样方法见"自然菌沉降采样测定法"。

3. 活菌计数法

活菌计数法可较准确地测定每毫升液体中含有活菌的数量，是微生物学鉴定消毒效果的基本操作技术之一。此法常用于计数菌（芽孢）悬液含有的活菌数，消毒前、后采样的回收菌数以及水样中细菌总数。

以10倍递减法稀释样品悬液，定量吸取稀释液，用倾注法或涂抹法接种于琼脂平板。经培养后，计数生长的菌落，乘以稀释倍数，换算成每毫升悬液中的活菌数。

（1）琼脂倾注法

① 分装。将大试管按需要数量排列于试管架上，每管加入4.5毫升0.03摩尔/升磷酸盐缓冲液或生理盐水作为稀释液。由左

起逐管标上"10^{-1}""10^{-2}"、"10^{-3}"等。

② 稀释。先将样品悬液用力敲打80次，使之均匀，随即吸取0.5毫升加入到"10^{-1}"管内。将"10^{-1}"管敲打80次，再吸出0.5毫升加于"10^{-2}"管内，如此类推直至最后一管。必要时还可作某稀释度的一倍稀释，如"10^{-5}"稀释一倍即得"5×10^{-6}"：

	10^{-1}	10^{-2}	10^{-3}	10^{-4}	10^{-5}	5×10^{-6}
菌 液	0.5	0.5	0.5	0.5	0.5	2
稀释液	4.5	4.5	4.5	4.5	4.5	2
稀释倍数	10	100	1000	10000	100000	200000

③ 接种。选择适宜稀释度的试管，用吸管吸取混合均匀的悬液0.5毫升加于灭菌平皿内。每一稀释度接种3个平皿。一般须接种3个不同稀释度，每个稀释度换一根吸管。若系消毒后的样本，因含菌量少，一般直接取其原液即可。将已熔化的普通琼脂培养基冷至40～45℃，倾注于已接种菌的平皿内，每个平皿需15～20毫升。倾注时边倒边摇，使菌能均匀分布于琼脂之中；加琼脂后，将平皿平放于台上，待凝。当琼脂凝固，翻转平皿，使底向上，置37℃温箱内培24～48小时后，计数菌落。

④ 计数。计数时，选择平板菌落数在30～300个之间的稀释度较为准确。将计数所得的平均菌落数，乘以2（接种0.5毫升时）再乘以稀释培数，即得每毫升中含活菌数。

对于活菌计数中技术操作的误差率（平板间、稀释度间）要求不超过10%。

平板间误差率的计算：

平板间误差率=菌落数平均差/菌落平均数×100%

菌落平均数=各平板菌落之和/平板数×100%

菌落数平均差=（菌落平均数-各平板菌落）绝对值之和/平板数

【例】某稀释度三个平板的菌落数分别是186、208、224，求其平板间的误差率。

解：

$$菌落平均数=\frac{86+208+224}{3}=206$$

$$间菌落数平均差=\frac{|186-206|+|206-208|+|224-206|}{3}=13.3$$

$$误差率=\frac{13.3}{206}\times100\%=6.46\%$$

该稀释度（或原液）3个平板间菌落计数的误差在6.46%，在允许范围之内。

稀释度间误差率的计算：

$$稀释度间误差率=\frac{稀释度间菌落数平均差}{稀释度间菌落平均数}\times100\%$$

$$稀释度间菌落平均数=\frac{各稀释度菌落数之和}{不同稀释度}$$

$$稀释度间菌落数平均差=\frac{（稀释度间菌落平均数-各稀释度菌落平均数）绝对值之和}{不同稀释度}$$

稀释度间菌落平均数=各稀释度间菌落数之和/不同稀释度

【例】某菌液两稀释度$1/2\times10^{-7}$与10^{-8}，其计数菌落平均数分别为296与52（3个平板的平均菌落数），求其稀释度间误差率。

解：先将其中某一个稀释度换算成另一个稀释度相等的稀释倍数，如10^{-8}为52个菌，换算成$1/210^{-7}$时应乘以5，即$52\times5=260$。代入公式：

$$稀释度间菌落平均数=\frac{260+296}{2}\times100\%=278$$

$$稀释度间菌落数平均差=\frac{|278-260|+|278-296|}{2}=18$$

$$误差率=\frac{18}{278}\times100\%=6.5\%$$

该两个稀释度间菌落计数的误差率为6.5%，亦在容许的范围内。

（2）平板涂抹法

① 样品悬液稀释。同琼脂倾注法。

② 平板制备。将已熔化的普通琼脂倾入灭菌平皿内，约20毫升左右，待凝后，打开平皿盖，翻转平皿使底向上，置37℃温箱内干烤30～60分钟，或于50℃温箱内干烤20～30分钟后备用。

③ 涂抹接种。吸取稀释液（或原液）0.1毫升，种入经烤干后的平板中心，用L形玻璃棒或△形接种环将菌液均匀涂开，边涂边旋转平板，直到涂干为止，每一稀释度或样本接种3个平板；置37℃下培养24小时，计数菌落。

④ 计数菌落与误差率的计算。琼脂倾注法相同。

（三）对照组的设置

对照组是专供试验对比之用。不论在试验室或现场，进行某些因素比较试验或观察一般消毒效果时，均应设置有关的对照。对照的种类较多，试验中可根据目的和要求而确定。

1. 试验菌对照

将染菌样本（与试验组完全一样）与试验组放置同样地点与时间，但不经有关消毒处理。事后进行培养，观察生长情况和计数回收菌量，以供对比，并计算消除率。如试验菌对照不长菌以及菌量超过或未达到规定要求，则试验应作废。

2. 消毒前采样对照

这一般针对自然菌而言。如对表面、空气、水源采样进行同法检验培养，以了解消毒处理前的污染程度，并作为判断消毒前后效果的依据。

3. 空白培养基对照

将试验所用未接种的培养基与试验组同时培养以观察有否污染。正常情况下，经培养后应无菌生长。如有菌生长，试验应作废。

4. 中和剂对照

将染菌样本不经消毒药物作用，直接接种到含中和剂培养基中，或与中和剂接触后种入普通培养基中，以观察中和剂对试验有否抑制作用（凡加入试验组中的各种物质，如吸附剂、保护剂等，均可按此法设置对照，以观察对试验菌的影响）。

5. 其他因子对照

消毒剂作用后的样本，在种入培养基之前，如须经特殊稀释、转种、离心、过滤等其他方法处理，均应设置未经消毒样本的相应对照，以观察该种处理方法本身对试验菌的影响。

上述对照，有的应随试验同时进行，如试验菌对照、空白培养基对照等；有的可事先进行，如中和剂对照与各类因子对照等。

（四）残余消毒剂的去除方法

为正确测定化学消毒剂的杀菌能力，防止消毒后残余药物抑

制微生物的生长繁殖，应在消毒后采集的样本中将残余作用因子
去除。常用的去除方法如下。

1. 化学中和法

用化学药物中和残余消毒剂，是一种使用简便、效果较好的
方法。

（1）选择中和剂应考虑的条件

① 对相应的消毒剂确有中和作用。

② 其本身及与消毒剂作用产物对实验所用微生物无抑制作用。

③ 对培养基营养成分无破坏作用。

④ 不影响培养基的透明度。中和剂根据需要可加于培养基、
采样液或稀释液中。常用中和剂种类与使用浓度见表6-1。

表6-1　常用消毒药物的中和剂

消毒剂	中和剂
含氯消毒剂（有效氯0.1%～0.5%） 过氧乙酸（0.1%～0.5%） 过氧化氢（1.0%～3.0%） 乙型丙内酯（0.1%～0.5%）	硫代硫酸钠（0.1%～1.0%） 硫代硫酸钠（0.1%～1.0%） 硫代硫酸钠（0.1%～1.0%） 硫代硫酸钠（0.1%～1.0%）
季铵盐类消毒剂（0.1%～0.5%） 洗必太（0.1%～0.5%）	吐温80（0.5%～1.0%） 卵磷脂（1.0%～2.0%）
酚类消毒剂 碱类消毒剂 酸类消毒剂 戊二醛	吐温80（1.0%～2.0%） 酸类 碱类 甘氨酸
福尔马林	氢氧化铵（消毒剂的半量） 双甲酮（1.0%）和码啉（0.6%）混合液 亚硫酸钠（6.0%）

（2）**中和剂量的确定**　特殊条件下，使用中和剂的量可根据消毒剂浓度及微生物耐受能力，通过试验确定。试验中应设表6-2中各组进行比较以做出评价。

表6-2　中和剂对比实验

组别	说明可题
①（消毒剂+菌液）+中和剂	中和剂可否中和消毒剂的作用
② 中和剂+菌液中和剂	中和剂有无抑菌作用
③（消毒剂+中和剂）+菌液	消毒剂与中和剂产物有无抑菌作用
④ 消毒剂+菌液	消毒剂在试验浓度下是否有抑菌作用
⑤ 菌液正常接种	菌种与培养条件是否正常
⑥ 未接种培养基	培养基有无污染

以上试验，只有在②、③、⑤组长菌量相仿并都多于①组，④组不长菌或长菌量少于①组以及⑥组不长菌的情况下，才能说明选用的中和剂与浓度是适宜的。

2. 吸附法

对无相应中和剂的消毒药物，可采用吸附剂去除附着于微生物周围的残余药物。常用的吸附剂有明胶、血清、脱脂牛奶、牛胆汁、去纤维血、硬脂酸盐类和卵磷脂等。如某些表面活性消毒剂采用卵磷脂、牛胆汁和脱脂牛奶作为去除残余消毒剂的方法，这类吸附剂多数均可加入培养基（固体或液体）内，一般用量最高可达10%。选用种类和用量，可根据不同的药物与浓度经试验而决定。试验中，应设试验菌、吸附剂加菌、消毒剂加菌、空白培养基等对照。

3. 水洗法

将经过消毒药物作用后采得的样本（试验片），在接种于培养基之前，先经灭菌水洗（生理盐水、缓冲液或蒸馏水）后再行接种。操作步骤如下。

① 将采得的样本放入含5毫升灭菌水的大试管中。

② 振动数次后放置1～2分钟。

③ 用白金耳取出样本转种入第2支含5毫升灭菌水的试管中，同样操作后再转种于第3管中。

根据需要可水洗2～4次最后将样本种入肉汤培养基中，进行培养，观察结果。

试验中，应设有未经消毒的水洗样本、消毒后不经水洗的样本、空白培养基等对照。

4.　连续接种法

将消毒后的样本接种于肉汤培养基中，培养24小时后不长菌者，再转种入新鲜肉汤培养基中培养、观察。连续1周，若仍不长菌即可认为具有杀菌效果。

试验中，应设未经消毒的转种样本，消毒后不经转种的样本以及空白培养基等对照。

5.　稀释法

将经过消毒处理的样本接种于大量的培养基中，如将0.5毫升的菌药混合物接种于100～200毫升的肉汤培养基中。或取0.5毫升消毒后的菌药混合物经10～10^4倍稀释后，再取0.5毫升种入常量培养基中。

试验中，应设未经消毒样本、消毒后样本常量培养和空白培养基等对照。

6.　离心沉淀法

取消毒后的样本（菌药混合液）3毫升，经3000转/分钟离心沉淀5分钟，弃去上清液，加入灭菌缓冲液3毫升充分振摇，清洗，再离心5分钟。重复2～3次，取沉淀物接种于培养基，进行观察。

试验设菌原液离心沉淀物、未经离心沉淀的菌药混合液及空白培养基等对照。

7. 滤膜过滤法

① 取菌药混合液或试验样片的洗液5～10毫升。

② 用薄膜滤器抽滤，使细菌阻留于滤膜表面。

③ 用灭菌蒸馏水20～30毫升，冲洗滤膜上的细菌，并再次抽滤洗液，以彻底除去残余的消毒剂。

④ 必要时，冲洗、抽滤可重复多次。

⑤ 经最后一次过滤的滤膜置琼脂平板上，于37℃温箱中培养。

⑥ 24小时后，计数滤膜上的菌落。

试验应设菌原液经滤膜抽滤（控制一定菌量）与不经滤膜菌药混合液直接培养和空白基等对照。

8. 动物试验

此法只适用于病原微生物。其处理步骤如下。

① 将菌药混合液或样本洗液离心沉淀2～3次。

② 取沉淀物加于生理盐水中制成悬液。

③ 取悬浮液0.1～0.5毫升接种于敏感动物。

④ 观察是否发病死亡。

⑤ 试验中应同时进行肉汤培养基接种，如试管无菌生长，而动物发病，则为抑菌作用，如动物不发病则为杀菌作用。

⑥ 试验菌不应少于一个致病剂量。

试验前，应测定该病原微生物对实验动物的致死剂量。试验中还应以未染菌样本进行同样消毒与离心沉淀后制成的悬液注射动物作为消毒剂对照；用染菌样本不经消毒，按上法处理后注射动物作为试验菌对照。

（五）实验室消毒剂效力测定方法

本法主要介绍抑菌实验方法。

1. 药液配制

（1）**化学消毒剂** 用蒸馏水配制成一定浓度的消毒液，或直接用药物的原液。

（2）**植物消毒剂** 取一定量生药，加水适量，煎煮30分钟后过滤，药渣再加水依法煎煮1次。将2次煎液合并，加热浓缩成100%（1克生药：1毫升药液）或200%（2克生药：1毫升药液）药液，置灭菌容器内备用。

2. 对照的设置

每批试验应有试验对照与空白培养基对照。

3. 测试方法

（1）**平板挖洞法**

① 用划线法，将菌均匀接种于琼脂平板上。

② 以灭菌打孔器打洞，孔径6～7毫米。

③ 用熔化的琼脂一滴，滴入洞内垫底，以防药液沿洞底漏出。

④ 于洞内滴入被试药液使之逐渐扩散入琼脂培养基内。

⑤ 将琼脂平板平放于37℃温箱内24～48小时观察结果，并测量抑菌圈的直径大小（用毫米表示）。

（2）平板挖沟法

① 取普通琼脂平板，用灭菌刀片挖沟，沟宽6毫米，长50毫米。

② 用熔化的琼脂滴入沟内垫底，以防药液漏出。

③ 接种被试菌，由沟边向外划线长30毫米。

④ 沟内加药液约2毫升。

⑤ 将琼脂平板平放于温箱内，37℃培养24～48小时，观察结果，并测量其抑菌带宽度（用毫米表示）。

（3）倾注小杯法（不锈钢管法）

① 用已熔化之琼脂约10毫升倒入灭菌平皿内制成薄层琼脂平板，待凝。

② 用冷却至45℃的琼脂10毫升（或5毫升）加入0.1毫升菌液，混匀后，倒入上述薄层平板上，使之均匀平铺于表面，待凝。

③ 将灭菌不锈钢管（直径6毫米）轻轻插于培养基上，不可过深，以加药后不致从管底流出为度。

④ 加药液于钢管内至满为止。

⑤ 将琼脂平板平放于37℃温箱内，培养24～48小时，观察结果，并测量抑菌直径大小（用毫米表示）。

（4）平板纸片法

① 用划线法接种试验菌于琼脂平板。

② 将直径6毫米之灭菌滤纸片，蘸取药物（每片约0.01毫升）贴于平板表面。

③ 将琼脂平板于室温下放置2小时后，置37℃温箱内，培养24～48小时，观察结果，并测量其抑菌圈直径大小（用毫米表示）。

（5）泡沫塑料（或海绵）片法

① 以划线法接种试验菌于琼脂平板。

② 用直径5毫米、厚0.8毫米的灭菌泡沫塑料（或海绵）片，吸附药液（约0.1毫升）后，贴于平板表面。

③ 将琼脂平板置于37℃温箱内，培养24～48小时，观察结果，并测量其抑菌圈直径大小（用毫米表示）。

（6）琼脂稀释法（平板法）

① 加热熔化灭菌备用的普通琼脂18毫升。

② 加入2毫升药液混匀后，倒入灭菌平皿内，待凝。

③ 以划线法接种试菌。

④ 将琼脂平板置于37℃温箱中，培养24～48小时，观察结果。如划线处全部长菌，则可以认为该浓度药液无抑菌作用，如不长菌即有抑菌作用。

（7）肉汤稀释法（试管法）

① 取灭菌试管10支，排列于试管架上。

② 第1管加肉汤1.5毫升，其他各管均加1毫升。

③ 于第1管内加入药液0.5毫升，混匀后取出1毫升至第2管，再混匀后取出1毫升至第3管，如此类推至第9管混匀后弃去1毫升，第10管不加药液作为试验菌对照。

④ 各管均加入经1000倍稀释的肉汤菌悬液0.05毫升，摇匀。

⑤ 将试管置37℃温箱内培养18小时，观察结果。各管的药液稀释倍数如下。

试管编号	1	2	3	4	5	6	7	8	9	10
药液稀释度	1:4	1:8	1:16	1:32	1:64	1:128	1:256	1:512	1:1024	菌液对照

经培养后，肉汤清澈透明为无菌生长，如长菌则变混浊。以

不长菌的最低浓度（即最高稀释倍数）为该药的抑菌浓度。

二、病毒消毒效果检查

对病毒消毒的效果，可采用染毒样片法进行测定。一般多用疫苗株进行，常用的有新城疫病毒与传染性法氏囊炎病毒。

（一）染毒样片的制备

可用滴染或喷染法，其步骤与染菌样片的制备相同。染得的样片置34℃温箱干燥15分钟备用。

（二）新城疫病毒检验法

新城疫病毒样片经消毒处理后可用鸡胚接种法检验，其具体步骤如下。

第一步：将样片置于5毫升灭菌肉汤或生理盐水中（内含有适当浓度中和剂与青、链霉素各100国际单位/毫升）。

第二步：用力振摇80次，使成为样片洗液。

第三步：吸取上述洗液接种于鸡胚尿囊，并以石蜡封闭针刺孔，每个样片洗液接种4只鸡胚，每只鸡胚接种0.2毫升。

第四步：鸡胚置38℃温箱内培养48～72小时。

第五步：用1%鸡红细胞悬液与鸡胚尿囊液进行血凝定性试验，若血凝阳性，说明仍有新城疫病毒存活，以全部鸡胚血凝阴性为消毒有效。

第六步：对照的设置。

如进行定量测定，可用上述肉汤或生理盐水，将样片洗液依次作10倍稀释。将每个稀释度洗液按上述要求分别接种鸡还，进行培养，观察结果，并计算洗液含有的EID_{50}量（半数鸡胚感染剂量）。根据试验组与对照组洗液所含的EID_{50}量计算病毒灭活率。

EID_{50} 与有关病毒灭活率的计算：

$$EID_{50}\text{的对数}=L-d(S-0.5)$$

式中，L 为最低稀释度的对数；d 为稀释度间差的对数；S 为各稀释列的阳性率（发病胚数：接种胚数）之和。

病毒灭活率=（对照样片洗液含 EID_{50} 量-试验样片洗液含 EID_{50} 量）/对照样片洗液含 EID_{50} 量×100%

【例】用某药对染有新城疫病毒的表面进行熏蒸消毒。消毒后，将试验组与对照组样片洗液经不同稀释后按上述要求接种鸡胚，并观察发病情况，结果见表6-3。求洗液含病毒的量（EID_{50}/毫升）与病毒灭活率。

表6-3 新城疫病毒接种鸡胚发育情况

消毒后样片的洗液（试验组）			未经消毒后样片的洗液（对照组）		
稀释度	鸡胚发病情况	阳性率	稀释度	鸡胚发病情况	阳性率
10^{-1}	4/4	1	10^{-1}	4/4	1
10^{-2}	4/4	1	10^{-2}	4/4	1
10^{-3}	4/4	1	10^{-3}	4/4	1
10^{-4}	4/4	1	10^{-4}	4/4	1
10^{-5}	3/4	0.75	10^{-5}	4/4	1
10^{-6}	2/4	0.50	10^{-6}	4/4	1
10^{-7}	1/4	025	10^{-7}	4/4	1
10^{-8}	0/4	0	10^{-8}	3/4	075
—	—	—	10^{-9}	2/4	0.50
—	—	—	10^{-10}	1/4	025
—	—	—	10^{-11}	0/4	0
S=5.50			S=8.50		

注：分母为接种鸡胚数，分子为发病鸡胚数。

解：EID_{50} 的计算，根据试验结果，$L=-1$，$d=1$，试验组 S=5.50，对照组 S=8.50，代入公式：

试验组 EID_{50} 的对数=$(-1)-1(5.5-0.5)=-6$

对验组EID_{50}的对数=$(-1)-1\times(8.5-0.5)=-9$

结果表明，试验组样片洗液经稀释至10^3倍，注射0.2毫升，可使半数鸡胚发病（即一个EID_{50}的剂量）。因为每毫升含5个鸡胚注射剂量，所以洗液的原液含病毒浓度为$5\times10^9 EID_{50}$/毫升。

根据公式，某药熏蒸处理新城疫病毒的灭活率为：

$$灭活率=\frac{5\times10^9-5\times10^6}{5\times10^9}\times100\%=0.999\times100\%=99.9\%$$

结果：消毒样片洗液含新城疫病毒浓度为$5\times10^6 EID_{50}$/毫升；对照样片洗液含新城疫病毒浓度为$5\times10^9 EID$/毫升；某药熏蒸消毒处理对新城疫病毒的灭活率为99.9%。

（三）传染性法氏囊炎病毒检验法

传染性法氏囊炎病毒样片经消毒处理后，可用鸡胚成纤维细胞接种法检验。其具体步骤如下。

第一步：将细胞维持液加入适当浓度的中和剂，2%灭活的小牛血清与青、链霉素各100单位/毫升，调pH至7.2。

第二步：将样片投入含5毫升上述细胞维持液的试管中，每管1片。

第三步：用力振摇80次，使成为样片洗液。

第四步：另取鸡胚成纤维单层细胞管，倒出原有的维持液，加1毫升汉克氏液，接触30分钟，充分摇洗后倒出。

第五步：吸取样片洗液1毫升，接种于细胞管内，每一样片洗液接种4个细胞管。

第六步：细胞管培养于（34±0.5）℃温箱中7天。

第七步：逐日观察细胞，如有一管发生特异性病变（与健康细胞对照相比）即作为消毒无效。

第八步：对照的设置见注意事项节。如进行定量测定，可将洗液用上述细胞维持液依次作10倍稀释后，分别接种细胞管，每管稀释度接种4管，每管1毫升，然后进行培养，观察结果，并计算其$TCID_{50}$（半数组织培养感染剂量）与病毒灭活率；其计算与新城疫病毒检验方法相仿。

【例】用某药对染有传染性法氏囊炎病毒的表面进行消毒，消毒后，将试验组与对照组的样片洗液经不同稀释后按上述要求接种细胞管，并观察发病情况，结果见表6-4。求洗液含病毒的量（$TCID_{50}$/毫升）与病毒灭活率。

表6-4　传染性法氏囊病毒接种细胞管发病情况

消毒后样片的洗液（试验组）			未经消毒后样片的洗液（对照组）		
稀释度	细胞发育情况	阳性率	稀释度	细胞发育情况	阳性率
10^{-1}	4/4	1	10^{-1}	4/4	1
10^{-2}	3/4	0.75	10^{-2}	4/4	1
10^{-3}	2/4	0.50	10^{-3}	4/4	1
10^{-4}	1/4	025	10^{-4}	4/4	1
10^{-5}	0	0	10^{-5}	2/4	0.50
10^{-6}	0	0	10^{-6}	1/4	025
10^{-7}	0	0	10^{-7}	0/4	0
$S=2.50$			$S=4.75$		

注：分母为接种细胞管数，分子为发育细胞管数。

解：$TCID_{50}$的计算，根据试验结果，$L=-1,d=1$，试验组$S=2.50$，对照组$S=4.75$，代入公式：

试验组$TCID_{50}$的对数值$=(-1)-1\times(2.5-0.5)=-3$

对照组$TCID_{50}$的对数值$=(-1)-1\times(4.75-0.5)=-5.25$

结果表明，试验组样片洗液经稀释至10^3倍，种入1毫升时，可使50%的细胞管（即含1个$TCID_{50}$的剂量）发生病变。因为每个细胞管接种量1毫升，所以洗液原液含病毒浓度为10^3TCID_{50}/

毫升。同样原理，对照组洗液的原液含病毒浓度为$10^{5.25}TCID_{50}$/毫升（即$177800TCID_{50}$/毫升）。

根据公式，某药对传染性法氏囊炎的灭活率为：

$$灭活率=\frac{10^{5.25}-10^{3}}{10^{5.25}}\times100\%=\frac{177800-1000}{177800}\times100\%$$
$$=0.994\times100\%=99.4\%$$

（四）注意事项

一是上述两种检验方法，事先都应证明消毒剂与中和剂作用产物对鸡胚或鸡胚成纤维细胞无毒；二是每批试验都应设下列对照组：不经消毒处理的染毒样片、消毒处理的未染毒样片和接种洗液的细胞管或鸡胚。

三、现场消毒效果的检查和评价

（一）物体表面消毒细菌学效果检查

1. 液体消毒剂处理

液体消毒剂常以喷雾、浸泡或擦拭等方式对物体表面进行消毒，其效果检查一般多采用染菌样片或自然菌采样两种方法。

（1）染菌样片测定法 将染菌样片根据不同的消毒方式，布放于一定的部位。测定喷雾消毒效果时，可将染菌样片按不同的位置（水平或垂直）放置于室内具有代表性的各点（地面、桌上、窗台、墙壁等）；测定浸泡消毒效果时，常将染菌样片放入灭菌小布袋（5厘米×5厘米大小）内，再将布袋夹放于衣物的不同部位，随之浸入消毒液内。装样片的小布袋袋口应以线绳扎紧，绳的末端连一小木牌，注明菌片放置的部位。小木牌可露出消毒液外，便于在测定不同作用时间时，单独抽出进行接种；测定擦拭消毒效果时，直接染菌于消毒物品表面即可。

结果的检验如下。

① 将经过消毒处理的染菌样片投入装有5毫升0.3摩尔/升磷酸盐缓冲液（根据消毒剂种类可加入相应的中和剂）的试管中。

② 将试管用力敲打80次。

③ 用吸管吸取洗液（酌情稀释或用原液）0.5毫升作琼脂倾注法活菌计数。

④ 对照样片除不经消毒处理外，余皆同于试验组。

⑤ 直接染菌于消毒物品表面者，取样法见"自然菌采样测定法"。

根据活菌计数的结果，按下式计算出杀灭率。

$$杀灭率=\frac{（对照样片平均回收菌数-消毒后样片平均回收菌数）}{对照样片平均回收菌数}\times100\%$$

（2）棉拭子法

① 消毒前采样。被检物体采样面积小于100厘米^{2}时，取全部物体表面；采样面积大于100厘米^{2}时，连续采集4个样品，面积合计为100厘米^2。用5厘米×5厘米的标准无菌规格板，并放在被检物体表面，将无菌棉拭子在含有无菌生理盐水的试管中浸湿，并在管壁上挤干，对无菌规格板框定的物体表面涂抹采样，来回均匀涂擦10次，并随之转动棉拭子。采样完毕后，将棉拭子放在装有一定量灭菌生理盐水的试管管口，剪去与手接触的部位，其余的棉拭子留在试管内，充分振荡混匀后立即送检。对于门把手等不规则物体表面，按实际面积用棉拭子直接涂擦采样。

② 消毒后采样。在消毒结束后，与消毒前同一物体表面附近类似部位进行采样。采样液中含有与化学消毒剂相对应的中和

剂，采样与消毒前一致。将消毒前后样本尽快送检，进行活菌培养计数及相应致病菌与相关指标菌的分离与鉴定。

③ 检验方法。细菌总数检测采用菌落计数法，致病菌的检测主要检测金黄色葡萄球菌、大肠杆菌和沙门菌等。具体方法可参见相关的细菌检验鉴定手册。

④ 评价指标。

细菌总数：小型物体表面结果计算，用菌落形成单位（CFU/个）来表示。

$$细菌总数=平板上菌落平均数×稀释倍数$$

采样面积大于100平方厘米物体表面结果计算用细菌总数（CFU/平方厘米）表示。

$$细菌总数=培养皿上菌落平均数×稀释倍数/采样面积$$

杀灭率：

$$杀灭率=（消毒前菌落平均数-消毒后菌落平均数）/消毒前菌落平均数×100\%$$

2. 熏蒸消毒处理

（1）染菌样片测定法　与液体消毒剂对表面喷雾消毒中的染菌样片测定法相同。

（2）染菌平板测定法　测定步骤如下。

① 制备普通琼脂或血琼脂平板，待用。

② 取6小时肉汤培养物，以L棒均匀地接种于平板表面。

③ 将种菌的平板暴露于室内各点，对照则置于另一条件相仿的室内。

④ 进行熏蒸消毒。

⑤ 消毒后，取出各点之平板，连同对照平板一并放入37℃温

箱内，培养24～48小时，观察结果。以平板不长菌为消毒有效。

（二）皮肤黏膜和手消毒效果的评价

评价皮肤黏膜和手消毒效果的微生物学指标包括细菌总数和一些致病菌（如金黄色葡萄球菌、乙型溶血性链球菌和沙门菌、大肠杆菌等）。

1. 采样时间

在浸泡或擦拭消毒之后立即采样，如果观察滞留消毒效果，可以设定不同的采样时间段，必要时可在消毒前采样作为对照，计算细菌的杀灭率。

（1）**手的采样**　被检者五指并拢，操作者将无菌棉拭子蘸灭菌生理盐水后挤干，在被检者指根到指尖来回涂擦2次（每只手涂擦面积约30平方厘米），并随之转动采样棉拭子，然后将棉拭子放于装有10分钟灭菌生理盐水的试管管口，用无菌剪刀剪去与手接触过的部分棉拭子，其余部分留在试管内。

（2）**压印法采样**　取事先制备好的营养琼脂培养皿，将消毒后的拇指或中、食指的掌面在培养皿的培养基表面轻轻按下指纹印即可，然后将培养皿置于37℃温箱培养24～48小时，观察有无细菌生长。

（3）**皮肤黏膜采样**　用5厘米×5厘米的标准灭菌规格板，并放在待检采样部位，用蘸有生理盐水的棉拭子在规格板内来回均匀涂擦10次，并随之转动棉拭子，然后将棉拭子放于装有无菌生理盐水的试管管口，剪掉与手接触部位后，余下的棉拭子留在试管内，进行检验。其中无法放置灭菌规格板的部位可直接用棉拭子涂抹取样。

（4）**注意事项** 如果消毒对象（手、皮肤、黏膜等）表面曾使用过化学物品（如消毒剂、清洁剂、化妆品等），则在生理盐水中应加入相应的中和剂。

2. 评价指标

（1）细菌总数

① 方法。将采样管用力敲打80次，必要时做适当稀释，用无菌吸管取一定量（通常为1毫升）的待检样品，加入灭菌培养皿内，另平行接种2块培养皿，加入已熔化的45℃左右的营养琼脂后，注意边倾注边摇匀，待琼脂冷却凝固后，倒置于37℃温箱中培养48小时。并计数菌落数。

② 结果计算。

细菌总数（CFU/平方厘米）=培养皿上菌落平均数×稀释倍数/采样面积

杀灭率=（消毒前菌落数－消毒后菌落数）/消毒前菌落数×100%

（2）**致病菌检验** 参考有关的细菌检验鉴定手册。

（三）浸泡消毒效果的评价

在兽医院和实验室常用浸泡消毒的方法处理污染的诊疗器械和实验器材，如体温表、剪刀、镊子、吸管和器皿等。为了保证消毒效果切实可靠，需要经常检查消毒液的杀菌作用。

1. 试验方法

① 用无菌吸管吸取1毫升浸泡消毒液加入9毫升稀释液管内。检查不同消毒剂时，所用稀释液不同。对醇、醛、氯、酚类消毒剂，可用含有相应中和剂的营养肉汤，对碘类、季铵盐类、酚类+洗涤剂、氯制剂+洗涤剂及低浓度双胍类消毒剂，可用营

养肉汤+3％吐温80（质量浓度）。

② 将上述稀释10倍的消毒液接种于营养琼脂平板。用1支50滴/毫升无菌滴管吸取消毒剂稀释剂混合液，在表面已干燥的琼脂平板上滴10滴，每滴之间应间隔一定距离，共滴两个平板。这项工作应在采样后1小时内完成。

③ 培养。将一个平板放32℃或37℃温箱内培养3天后观察结果（大部分致病菌合适的生长温度是37℃，但细菌受到消毒剂损伤后，往往在32℃恢复更快）。另一个平板放于室温20℃，培养7天后观察结果。

2. 结果评价

在1个或2个子板上有菌生长，证明消毒液内有活菌存在。若菌数仅1～2个，则是允许的，因为消毒剂的作用是消毒而不要求达到灭菌。若1只平板上生长菌数≥5个，则说明消毒效果已不可靠。可按下式计算每毫升消毒液内存活的菌数。

$$每毫升消毒液内存活菌数=生长菌落数/皿×10×5$$

式中，×10是由于采取的消毒液作了10倍稀释；×5是由于采取消毒液10滴相当于1/5毫升。

例如，平板生长菌数为5，则每毫升消毒液内存活菌数=5×10×5=250（个），这样的消毒剂不宜再使用。

（四）空气消毒细菌学效果检查

空气消毒效果评价指标菌有空气中的自然菌、空气指示菌（白色葡萄球菌、溶血性链球菌等）。

1. 采样时间

一般应选择在消毒灭菌处理完成之后的时间段。还可以按预定计划进行常规检测，定期、定时对空气进行样品采集。但要注意在采样前，应关好门窗，在无人走动的情况下，静止10分钟后，进行采样。

2. 检查方法

（1）**仪器采样法（空气撞击法）** 目前国内常用的空气微生物采样器主要有JWL型空气采样器、LWC—1型采样器和Anderson采样器等。

① 采样皿制作。将仪器专用培养皿彻底洗涤干净，晾干，高压蒸汽灭菌后备用。将熔化后冷却至45～50℃已灭菌的营养琼脂培养基倒入备用的培养皿中，以自然铺满底部为宜，制成营养琼脂培养皿，冷却凝固后倒置于37℃培养箱内，培养24小时，挑选无菌生长的培养皿使用。

② 采样点的选择及采样高度。圈舍或居室面积小于15米^{2}的密闭间，只在室中央设1个点；面积小于30米^{2}的房间，在房间的对角线上选取内、中、外3点；面积大于30米^{2}的房间内设5个点，即房间的四个角和室中央各设一点；面积更大的场所可在相应的方位上适当增加采样点。采样高度一般为1.2～1.5米，四周各点距墙0.5～1.0米。

③ 采样时间。消毒前采样及消毒后不同时间段采样。其中消毒前采样的目的是了解消毒前空气中微生物的水平；消毒后采样的目的是了解消毒后空气中微生物的水平。

④ 采样及培养。按照采样器说明进行采样，待采样结束后关闭电源，取出采样培养皿，置于37℃温箱内培养24～48小时，观察结果并记录培养皿上菌落数（CFU）。

⑤ 菌落数计算。

$$每立方米菌落数=（培养皿菌落数×1000）/$$
$$（流量×采样时间）$$

（2）沉降平板法（自然沉降法）

① 采样皿制作。将灭菌后的普通营养琼脂培养基熔化后，冷却至45～50℃，倒入无菌培养皿内，每个培养皿15～20毫升。室温下冷却凝固后，倒置于37℃温箱内培养24小时，挑选无菌生长的培养皿使用。

② 采样点的选择。见空气撞击法。

③ 采样时间。消毒前采样及消毒后不同时间段采样。

④ 采样培养皿的放置。将采样培养皿编号后，放置于相应的采样点（分别在室内的四角和中央，放置5个琼脂平板），然后根据室内实际布局，由内向外，按次序打开采样培养皿。将培养皿盖扣放于采样培养皿端口边缘，严禁将盖口朝上，使其直接暴露于空气中，这样会影响采样结果。

采样应根据所暴露环境的实际情况决定。越洁净的地方采样暴露时间越长，以期得到更准确的结果。普通场所暴露5～30分钟，一般多暴露15分钟。污染较严重的地方，如动物圈舍等暴露5分钟即可。并注意消毒前后暴露时间的一致。

⑤ 培养和结果计算。待采样结束后，将培养皿盖盖好，反转，放于37℃温箱中培养24～48小时，观察记录培养皿上菌落数（CFU）。

$$杀灭率=（消毒前菌落数-消毒后菌落数）/消毒前菌落数×100\%$$

该方法不适合洁净的室内空气采集，结果偏低，误差大；作为空气消毒方法考核误差也较大。由于其使用简便、经济，主要用于基层。

（3）气雾喷菌法（多用于实验室试）

① 设置两个条件完全一致的密闭喷菌柜，一为试验用，一为平行对照用，柜内容积为 0.5 ~ 1.0 米^3。

② 用气溶胶喷雾器在两柜内同时按同样条件，喷出试验微生物气溶胶。

③ 喷后，静置 10 分钟，待大颗粒沉降后，对两柜同时进行空气采样，作为处理前对照。

④ 对试验柜进行空气消毒，对照柜不作任何处理。

⑤ 按实验要求，在规定时间对两柜同时进行空气采样，作为处理后空气标本。

⑥ 采样的位置、次数、间隔时间。采样时间可随需要而定，但先后应统一，试验组与对照组应统一。

⑦ 将标本进行活菌计数检验，观察结果。

⑧ 空气采样可使用平皿沉降法，亦可使用各型空气采样器。

已干微生物在空气中沉降与自然死亡较多，因此在结果判断时，应先以对照组处理前后两次数据按下式计算出微生物在空气中的自然消亡率（N_t）。

$$N_t = \frac{V_o - V_t}{V_o} \times 100\%$$

式中，N_t 为空气细菌自始至 t 时的自然消亡（沉降和死亡）率；V_o 和 V_t 分别为对照组处理前后空气含菌量。

然后，用求得的自然消亡率与实验组结果再按下式计算出消毒作用的杀灭率（P_t）。

$$P_t = \frac{V_o'(1 - N_t) - V_t'}{V_o'(1 - N_t)} \times 100\%$$

式中，P_t 为消毒作用的杀灭率；V'_o 和 V'_t 分别为试验组处理前后空气含菌量。

【例】用某消毒剂进行空气消毒处理 10 分钟，其结果是试验组处理前空气采样含菌量为 1×10^5 个/升，处理后为 10 个/升；对照组处理前空气采样含菌量为 9×10^4 个/升，处理后空气采样含菌量为 1×10^3 个/升。计算消毒剂的杀灭率？

解：① 细菌在空气中 10 分钟的自然消亡率为：

$$\frac{9 \times 10^4 - 10^3}{9 \times 10^4} \times 100\% = 98.89\%$$

$$(9 \times 10^4 - 10^3)/(9 \times 10^4) = 98.89\%$$

② 试验组细菌的杀灭率为：

$$\frac{1 \times 10^5 \times (1 - 98.89) - 10}{1 \times 10^5 \times (1 - 98.89)} \times 100\% = \frac{110 - 10}{110} \times 100\% = 99.10\%$$

因此，某消毒剂作用 10 分钟，对空气的杀菌率为 99.10%。

3. 注意事项

① 测定空气中的溶血性链球菌和绿色链球菌时，需用血液琼脂培养基制成的培养皿，采样后，30℃ 温箱培养 24 ～ 72 小时，其他操作步骤与计算不变。

② 在用沉降平板法采样时，其采样点的选择应尽量避开空调、门窗等气流变化较大的地方。采样过程中动作应轻缓，避免造成尘土飞扬，同时整个过程宜无菌操作。

（五）饮水消毒效果的评价

1. 评价方法

评价消毒剂对水中微生物的杀灭作用，可用实用试验和现场试验两种方法。

（1）**实用试验** 是将试验微生物加入无菌蒸馏水内，使含菌量为10万～100万个/毫升，然后加入消毒剂进行消毒处理。可测定消毒剂不同浓度或作用不同时间后的杀菌率。一般认为杀菌率达到99.99％为合格。

（2）**现场试验** 是用自然水进行的。首先测定水的细菌污染程度，可用大肠菌指数、细菌总数和大肠菌值作为指标。然后进行消毒处理，测定不同作用时间后细菌减少的程度。我国规定饮水标准：细菌总数＜100个/毫升，大肠菌指数＜3，大肠菌值不得小于333。这些指标的意义及其测定方法如下。

2. 测定方法

（1）细菌总数测定方法

① 取水样1毫升（未经消毒处理的水样应经适当稀释后取1毫升，消毒后水样应采取去除残余消毒剂的措施），加入灭菌平皿内。

② 加入熔化后凉至46℃的普通营养琼脂20～30毫升，摇匀，待凝。

③ 将培养皿倒置于37℃温箱内，培养24小时后作菌落计数。

（2）**大肠菌指数和大肠菌值** 大肠菌指数是指1000毫升水中含有的大肠菌数，大肠菌值表示能检出大肠杆菌的最小水量（毫升）。同一水样的检验结果，这两个指标可以按下式互相换算。

$$大肠菌指数=1000/大肠菌数$$
$$大肠菌值=1000/大肠菌指数$$

测定方法：可用发酵法。此法是根据大肠杆菌具有发酵乳糖并产酸产气的特点而设计的。取内有倒管的含 50 毫升 3 倍浓缩的葡萄糖胆盐蛋白胨水 2 瓶，各接种水样 100 毫升；取含有 5 毫升 13 倍浓缩的葡萄糖胆盐蛋白胨水 10 管（内有倒管），各接种水样 10 毫升；将上述接种后的培养基放入（44±1）℃温箱内培养 24 小时。如有产酸产气者，再接种麦康凯琼脂平板，于 37℃下培养 24 小时，产酸产气者表明有大肠杆菌生长，根据大肠杆菌阳性的发酵瓶及发酵管数，查表 6-5，求出大肠菌指数及大肠菌值。例如，某水样消毒处理后接种的 10 支发酵管培养后有 3 支为阳性，2 个发酵瓶有 1 个为阳性，查表可得其大肠菌指数为 18，大肠菌值为 56。根据我国饮水标准，该水不合格。

表6-5　大肠均值及大肠指数检索

发酵管阳性数	发酵瓶全部阴性		发酵瓶1份阳性		发酵瓶2份阳性	
	大肠菌指数	大肠菌值	大肠菌指数	大肠菌值	大肠菌指数	大肠菌值
0	< 3	> 333	4	250	11	91
1	3	333	8	125	18	56
2	7	143	13	77	27	37
3	10	99	18	56	38	26
4	14	71	24	42	52	19
5	18	56	30	33	70	14
6	22	45	36	28	92	11
7	27	37	43	23	120	8
8	31	32	51	20	161	6
9	36	28	60	17	230	4
10	10	25	68	14	> 230	< 4

第三节　粪便消毒效果的检查

粪便消毒效果的检查方法有测温法和细菌学检查。

一、测温法

用装有金属套管的温度计，测量发酵粪便的温度，根据粪便在规定的时间内达到的温度来评定消毒的效果。当粪便生物发热达 60 ～ 70°C时，经过 1 ～ 2 昼夜，可以使其中的巴氏杆菌、布氏杆菌、沙门氏菌及口蹄疫病毒死亡；经 12 小时可以杀死全部猪瘟病毒；经过 24 小时可以杀灭全部猪丹毒杆菌。不同病原需要的致死温度与所需时间见表6-6。

表6-6　不同病原需要的致死温度与所需时间

病原名称	致死温度/℃	所需时间
炭疽杆菌（非芽孢状态）	50 ～ 55	1 小时
结核杆菌	60	1 小时
鼻疽杆菌	50 ～ 60	10 分钟
布氏杆菌	65	2 小时
巴氏杆菌	抵抗力弱	—
马腺疫链球菌	70 ～ 75	1 小时
副伤寒菌	60	1 小时
猪丹毒杆菌	50	15 小时
猪丹毒杆菌	70	数秒钟
狂犬病病毒	50	1 小时
狂犬病病毒	52 ～ 68	30 分钟
口蹄疫病毒	50 ～ 60	迅速
传染性马脑脊髓炎病毒	50	1 小时
猪瘟病毒	60	30 分钟
寄生蠕虫和幼虫卵	50 ～ 60	1 ～ 3 分钟（鞭虫卵1小时）

注：表中数据来源于李如治主编《家畜环境卫生学》。

二、细菌学检查

按常规方法检查，要求不得检出致病菌。

第七章
提高消毒效果的措施

Chapter 07

消毒直接关系到畜禽的疫病防控和生产性能发挥，不仅要进行全面彻底的消毒，而且要保证良好的消毒效果。生产中影响消毒效果的因素很多，必须消除各种不良因素，采取综合措施提高消毒效果。

第一节　加强隔离和卫生管理

养殖场的隔离卫生是搞好消毒工作的基础，也是预防和控制疫病的保证。只有良好的隔离卫生，才能保证消毒工作的顺利实施，有利于降低消毒的成本和提高消毒的效果。

一、隔离卫生

（一）严格卫生防疫制度

制定切实可行的卫生防疫制度，使养殖场的每个员工心中有数，严格按照制度进行操作，保证卫生防疫和消毒工作落到实处，不走过场至关重要。卫生防疫制度的内容主要应该包括如下方面。

1. 养殖场的隔离

养殖场生产区和生活区分开，入口处设消毒池，设置专门的隔离室和兽医室。养殖场周围要有防疫墙或防疫沟，只设置一个大门入口控制人员和车辆物品进入。设置人员消毒室，人员消毒室设置淋浴装置、熏蒸衣柜和场区工作服。

2. 进入生产区人员消毒

进入生产区的人员必须淋浴，换上清洁消毒好的工作衣帽和靴后方可进入，工作服不准穿出生产区，定期更换清洗消毒；进入的设备、用具和车辆也要消毒，消毒池的药液2～3天更换1次。

3. 禁养其他动物

生产区不准养猫、养狗，职工不得将宠物带入场内。

4. 解剖病死畜禽远离养殖区

对于死亡畜禽的检查，包括剖检等工作，必须在兽医诊疗室内进行，或在距离水源较远的地方检查，不准在兽医诊疗室以外的地方解剖尸体。剖检后的尸体以及死亡的畜禽尸体应深埋或焚烧。在兽医诊疗室解剖尸体要做好隔离消毒。

5. 坚持自繁自养

坚持自繁自养，若确实需要引种，必须隔离45天，确认无病，并接种疫苗后方可调入生产区。

6. 加强畜禽舍卫生管理

做好畜舍和场区的环境卫生工作，定期进行清洁消毒。长年定期灭鼠，及时消灭蚊蝇，以防疾病传播。

7.　外出人员和车辆、用具等消毒后才能进场

本场外出的人员和车辆必须经过全面消毒后方可回场。运送饲料的包装袋，回收后必须经过消毒方可再利用，以防止污染饲料。

8.　做好疫病的接种免疫工作

根据本场实际制定确实可行的免疫程序，按照要求科学地免疫接种，提高畜禽特异性免疫力。

9.　疫病流行时的应对

当某种疾病在本地区或本场流行时，要及时采取相应的防制措施，并要按规定上报主管部门，采取隔离、封锁措施。做好发病时畜禽隔离、检疫和治疗工作，控制疫病范围，做好病后的净群消毒等工作。

养殖场的卫生防疫制度应该涵盖较多方面工作，如隔离卫生工作、消毒工作和免疫接种工作，所以制定的卫生防疫制度要根据本场的实际情况尽可能地全面、系统，容易执行和操作，作好管理和监督，保证一丝不苟地贯彻落实。

（二）保持养殖场环境洁净

场区内无杂草、无垃圾，不准堆放杂物，每月用3%的热火碱水泼洒场区地面3次，生活区的各个区域要求整洁卫生，每月消毒2次。畜禽舍周围每2～3周用2%的火碱溶液消毒或撒生石灰1次，场周围及场内的污水池、排粪坑、下水口每月用漂白粉消毒1次，场及禽舍进出口要设消毒池，放入2%的烧碱溶液，每日更换1次，或放0.2%的新洁尔灭，每3天更换1次，生产区道路每日用0.2%的次氯酸钠喷洒1次。

二、防鼠灭鼠

鼠是许多疾病的储存宿主，通过排泄物污染、机械携带及直接咬伤畜禽的方式，可传播多种疾病（鼠疫、钩端螺旋体病、脑炎、流行性出血热、鼠咬热等）。为保证人畜健康和养殖业发展，必须将灭鼠和畜禽养殖消毒结合起来。鼠的生存和繁殖同环境和食物来源有直接的关系。如果环境良好，食物来源充足则鼠可以大量繁殖；如果采取某些措施，破坏其生存条件和食物来源则可控制鼠的生存和繁殖。

1. 防止鼠类进入建筑物

鼠类多从墙基、天棚、瓦顶等处窜入室内，在设计施工时注意。墙基最好用水泥制成，碎石和砖砌的墙基，应用灰浆抹缝。墙面应平直光滑，防鼠沿粗糙墙面攀登。砌缝不严的空心墙体，易使鼠隐匿营巢，要填补抹平。为防止鼠类爬上屋顶，可将墙角处做成圆弧形。墙体上部与天棚衔接处应砌实，不留空隙。瓦顶房屋应缩小瓦缝和瓦、椽间的空隙并填实。用砖、石铺设的地面，应衔接紧密并用水泥灰浆填缝。各种管道周围要用水泥填平。通气孔、地脚窗、排水沟（粪尿沟）出口均应安装孔径小于1厘米的铁丝网，以防鼠窜入。堵塞鼠的通道，禽舍外的老鼠往往会通过上下水道和通风口处等的管道空隙进入畜禽舍，因此，对这些管道的空隙要及时堵塞，防止鼠的进入。畜禽舍和饲料仓库应是砖、水泥结构，设立防鼠沟，建好防鼠墙，门窗关闭严密，则老鼠无法打洞或进入。畜栏及墙体抹光，堵塞孔隙。

2. 清理环境

鼠喜欢黑暗和杂乱的场所。因此，畜禽舍和加工厂等地的物品要放置整齐、通畅、明亮，使害鼠不易藏身。禽舍周围的垃圾要及时清除，不能堆放杂物，任何场所发现鼠洞时都要立即堵塞。

3. 断绝食物来源

大量饲料应放置饲料袋内并在离地面15厘米的台或架上，少量饲料应放在水泥结构的饲料箱或大缸中，并且要加金属盖，散落在地面的饲料要立即清扫干净，使老鼠无法接触到饲料，则鼠会离开畜禽舍，反之，则鼠会集聚畜禽舍取食。

4. 改造厕所和粪池

鼠可吞食粪便，这些场所极易吸引鼠，因此，应将厕所和粪池改造成使老鼠无法接近粪便的结构，同时也没有藏身躲避的地方。

5. 器械灭鼠

器械灭鼠方法简单易行，效果可靠，对人、畜无害。灭鼠器械种类繁多，主要有夹、关、压、卡、翻、扣、淹、粘、电等，方法简便易行、效果确实、费用低、安全。

6. 化学灭鼠

化学灭鼠效率高、使用方便、成本低、见效快，缺点是能引起人、畜中毒，有些鼠对药物有选择性、拒食性和耐药性。所以，使用时须选好药剂和注意使用方法，以保安全有效。

（1）化学灭鼠方法

① 熏蒸灭鼠。某些药物在常温下易气化为有毒气体或通过化学反应产生有毒气体，这类药剂通称熏蒸剂。利用有毒气体使鼠吸入而中毒致死的灭鼠方法称熏蒸灭鼠。熏蒸灭鼠的优点：具有强制性，不必考虑鼠的习性；不使用粮食和其他食品，且收效快，效果一般较好；兼有杀虫作用；对畜禽较安全。缺点：只能在可密闭的场所使用；毒性大，作用快，使用不慎时容易中毒；

用量较大，有时费用较高；熏杀洞内鼠时，需找洞、投药、堵洞，工效较低。本法使用有局限性，主要用于仓库及其他密闭场所的灭鼠，还可以灭杀洞内鼠。目前使用的熏蒸剂有两类：一类是化学熏蒸剂，如磷化铝等；另一类是灭鼠烟剂。

② 毒饵灭鼠（化学灭鼠）。将化学药物加入饵料或水中，使鼠致死的方法称为毒饵灭鼠。毒饵灭鼠效率高、使用方便、成本低、见效快，缺点是能引起人、畜中毒，有些老鼠对药剂有选择性、拒食性和耐药性。所以，使用时须选好药剂和注意使用方法，以保安全有效。

（2）常用的慢性灭鼠药物　见表7-1。

（3）灭鼠的具体操作

① 毒饵的选择。毒饵是由灭鼠药和食饵配制而成。选择对家禽毒力弱、对鼠类适口性好的敌鼠钠盐作灭鼠剂，选择来源广、价钱便宜、老鼠喜吃而又不易变质的谷物作饵料。水稻区，选择稻谷作饵料，稻谷不仅老鼠喜吃，而且有外壳保护。做成毒饵，布放几天后也不会发霉，遇到倾盆大雨也不会影响药效。非水稻区可选麦粒、大米等代替。

② 毒饵的配制。配制0.2％敌鼠钠盐稻谷毒饵。敌鼠钠盐、稻谷和沸水的重量比为0.2∶100∶25。先将敌鼠钠盐溶于沸水中（如有酒精，将敌鼠钠盐溶于少量的酒精中，然后将药液注入沸水中，进一步溶解稀释），趁热将药液倾入稻中，拌匀，并经常搅拌，待吸干药液，即可布放。如暂不用，要晒干保存。如制麦粒或大米饵，敌鼠钠盐与沸水量减半。

③ 布放方法。观察养殖场鼠类的活动行为，大多数鼠类栖息在畜禽舍外围隐蔽的地方，部分栖息在屋顶，少数在舍内地板上打洞筑巢。当它们进入畜禽舍时，必须通过下列途径：一是门、窗下椽裂缝，气孔、刮粪板出口和出水口；二是沿电线、水

表7-1　常用慢性的灭鼠药物

名称	特性	作用特点	用法	注意事项
敌鼠钠盐	为黄色粉末，无臭，无味，溶于沸水、乙醇、丙酮，性质稳定	作用较慢，能阻碍凝血酶原在鼠体内的合成，使凝血时间延长，而且其能损坏毛细血管，增加血管的通透性，引起内脏和皮下出血，最后死于内脏大量出血。一般在投药1～第2天出现大量死鼠，第5～第8天死鼠量达到高峰，死鼠可延续10多天	① 敌鼠钠盐毒饵：取敌鼠钠盐5克，加沸水2升搅匀，再加10千克杂粮，浸泡至毒水全部吸收后，加入适量植物油拌匀，晾干备用。② 混合毒饵：将敌鼠钠盐加入面粉或滑石粉中制成1%毒粉，再取毒粉1份，倒入19份切碎的鲜菜中拌匀即成。③ 毒水：用1%敌鼠钠盐1份，加水20份即可	对人、畜、禽毒性较低，但对猫、犬、兔、猪毒性较强，可引起二次中毒。在使用过程中要加强管理，以防家畜误食中毒或发生二次中毒。如发现中毒，可使用维生素K解救
氯敌鼠，又名氯鼠酮	黄色结晶性粉末，无臭，无味，溶于油脂等有机溶剂，不溶于水，性质稳定	是敌鼠钠盐的同类化合物，但对敌鼠的毒性作用比敌鼠钠盐强，为广谱灭鼠药剂，而且适口性好，不易产生拒食性。主要用于毒杀家鼠和野栖鼠，尤其是可制成蜡块和、用于毒杀下水道鼠类。灭鼠时将毒饵投在鼠洞或鼠活动的地区即可	有90%原药粉、0.25%母粉、0.5%油剂三种剂型。使用时可配制成如下毒饵：① 0.005%水质毒饵：取90%原药粉3克，溶于适量热水中，待凉后，拌于50千克饵料中，晒干后使用。② 0.005%油质毒饵：取90%原药粉3克，溶于1千克热食油中，冷却至常温，洒于50千克饵料中拌匀即可。③ 0.005%粉剂毒饵：取0.25%母粉1千克，加入50千克饵料中，加少许植物油，充分混合拌匀即成	

续表

名称	特性	作用特点	用法	注意事项
杀鼠灵	又名华法令、白色粉末、无味，难溶于水，其钠盐溶于水，性质稳定	属香豆素类抗凝血灭鼠剂，一次投放灭鼠效果较差，少量多次投放灭鼠效果好。鼠类对其毒饵接受性好，甚至出现中毒症状时仍采食	毒饵有配制方法如下。①0.025%毒米：取2.5%母粉1份、植物油2份、米渣97份，混合均匀即成。②0.025%面丸：取2.5%母粉1份，与99份面粉拌匀，再加适量水和少许植物油，制成每粒1克重的面丸。以上毒饵使用时，将毒饵投放在鼠类活动的地方，每堆约39克，连投3～4天	对人、畜和家禽毒性很小，中毒时维生素K₁为有效解毒剂
杀鼠迷	黄色结晶粉末，无臭，无味、不溶于水，溶于有机溶剂	属香豆素类抗凝血杀鼠剂，适口性好，毒杀力强，二次中毒极少，是当前较为理想的杀鼠药物之一，主要用于杀灭家鼠和野栖鼠类	市售有0.75%的母粉和3.75%的水剂。使用时，将10千克饵料煮至半熟，加适量植物油，取0.75%杀鼠迷母粉0.5千克，撒于饵料中拌匀即可。毒饵一般分2次投放，每堆10～20克。水剂可配制成0.0375%饵剂使用	
杀它仗	白灰色结晶粉末，微溶于乙醇，几乎不溶于水	对各种鼠类都有很好的毒杀作用。适口性好，急性毒力大，1个致死剂量被吸收后3～10天就发生死亡，一次投药即可。适用于杀灭室内和农田的各种鼠类	用0.005%杀它仗稻谷毒饵，杀黄毛鼠有效率可达98%，杀室内褐家鼠有效率可达93.4%，一般一次投饵即可	对其他动物毒性较低，但犬很敏感

管导入畜禽舍；三是从屋顶经墙角下畜禽舍；四是从外墙基打洞入畜禽舍；五是从舍内（地板或墙）鼠洞直接入畜禽舍。鼠类在进入畜禽舍的途径中留下了明显的鼠迹：在草丛中将草拨开，可见鼠类将草踏成一条无草的光滑小径，没有长草的泥土上也可以见到纵横交错、大小不一、光滑的小径；在畜禽舍外围，有明显的大、小洞口，洞口外常有鼠类扒出的泥块；在畜禽舍积满灰尘的地板或糠面上可以见到大大小小、密密麻麻的脚印；在鼠类经过的地方，如鼠路上、鼠洞旁都留有鼠粪；门、窗、家具、饲料包装袋等被鼠类咬破，留下千疮百孔。

从上述鼠迹可以断定鼠类的密度，是严重、中等或一般，老鼠集中在哪里，哪里分布多些，哪里分布少些。然后在养殖场中全面布毒，内外夹攻。在畜禽舍外，可放在运动场、护泥石墙、土坡、草丛、杂物堆、鼠洞旁、鼠路上以及鼠只进出畜禽舍的孔道上。在畜禽舍内，则放在食槽下、走道旁、水渠边、墙脚、墙角以及天花板上老鼠经常行走的地方。另外，在生活区、办公室和附属设施（如饲料仓库、孵化间、储蛋间等），邻近猪场500米范围内的农田、竹林、荒地和居民点等都要同时进行灭鼠，防止老鼠漏网。

布放毒饵最好是一次投足3天的食量。一个养殖场放毒饵多少，视鼠的密度而定，密度大放得密些、多些，一般每隔2～3米放一堆，每堆50克左右。鼠害中等水平的养殖场，每100米^{2}畜禽舍建筑（不包括露天部分）放毒饵2.5～3千克即可。毒饵宁可稍为供过于求，切忌供不应求，否则残存的鼠过多，效果不佳。为此，毒饵布放后2～3天，要检查每堆毒饵的被食程度，吃多少补多少，没吃的要移往吃的地方。因为养殖场鼠只众多，晚上出洞的批次有先有后，为了防止先出的吃光了毒饵，后出的没有吃到毒饵，所以要全面补充放足毒饵。在江南地区，由于黄鼠狼比较多，鼠类为了生存，避免天敌的危害，活动极为隐蔽。要特别仔细观察，找到鼠迹之后，才好布毒。有些地方布毒后1～2天，鼠类很少采食毒饵，至第3天才大量采食毒饵，这时要特别冷静，用1～2天的时间观察鼠类的动静，在第4～5天补充毒饵。这种全面、同时投放足量敌鼠钠盐毒饵的方法可以取得较好效果。

④ 灭鼠效果。灭鼠后，检验有没有达到预定的灭鼠目的，我们采用食饵消耗法来衡量灭鼠效果。其方法是在投毒前后（相隔7天）称取同量的食物，如大米、麦粒和稻谷（但要与制毒饵的饵料有区别）等，选择有代表性的猪舍，沿猪舍鼠的跑道定点、定量布放，任鼠取食一晚，次日回收食饵称量，用前、后饵的总量减去前、后饵剩余量，算出前、后饵消耗量。用下面公式计算灭鼠率。

灭鼠率=（前饵消耗量-后饵消耗量）/前饵消耗量×100%

如某养殖场测定灭鼠效果。灭鼠前选有代表性猪舍2幢，放米5千克，每堆重50克，共100堆，编号布放。放置一晚，次晨回收饵料，除去杂物，剩下250克。以5千克减去250克，算出4.75千克为前饵消耗量（即老鼠吃去量）。毒鼠7天后，同前法在放前饵的两个猪舍放米5千克，隔一晚，老鼠吃去100克，此为后饵消耗量；代入公式：

灭鼠率=（4.75-0.1）/4.75×100%=97.89%

根据灭鼠效果和结合观察灭鼠后的现象进行分析，如灭鼠过程中死鼠很多，晚上猪舍中无鼠活动，灭鼠前有很多鼠迹的地方，灭鼠后鼠迹很少，甚至没有，也没有发现咬饲料包装等情况，综合灭鼠效果和实地观察分析判断为残存的鼠很少，达到了预定的灭鼠目的。

⑤ 注意事项。一是要摸清鼠情，选择适宜的灭鼠时机和方法，做到高效、省力。一般情况下，4～5月是各种鼠类觅食、交配期，也是灭鼠的最佳时期。二是灭鼠药物较多，但符合理想要求的较少，要根据不同方法选择安全的、高效的、允许使用的灭鼠药物。三是投毒1～2天后，就出现极少量死鼠，3～4天

后，才见大量死亡，以后死鼠逐渐减少，可延续约15天，仍有个别死鼠出现。在灭鼠过程中，每天要捡收鼠尸，并集中深埋。灭鼠后要搞环境卫生，堵塞鼠洞，使幸存者无藏身之地。四是敌鼠钠盐对猪毒性较强，在使用时要注意安全，防止猪食毒饵中毒。五是掌握养殖场鼠害数量集中、繁殖力强的特点，打"歼灭战"，全面投放足够的毒饵，彻底消灭老鼠。六是掌握老鼠的行为规律，布毒位置准确，在老鼠吃到食物之前在半路上吃足毒饵而致死，就可以解决食物丰富的地方毒不着老鼠的问题。七是应每季度用灭鼠药灭鼠1次，注意防止引发畜禽只中毒。八是死鼠可用0.05%过氧乙酸或含有效氯1000毫克/升溶液喷淋消毒，用量应保证鼠尸表面完全湿润，之后用塑料袋密封好，进行无害化处理。处理完死鼠后要用消毒液消毒可能被鼠污染的场所并洗手消毒。

三、防虫灭虫

在畜禽养殖业中，害虫的大量存在带来较大的危害。一是直接传播疾病。能够传播疾病的害虫很多，目前主要的致病害虫为蚊、苍蝇、蟑螂、白蛉、蠓、虻等吸血昆虫以及虱、蜱、螨、蚤和其他害虫等。它们通过直接叮咬传播疾病，如蚊可传播痢疾、乙型脑炎、丝虫病、登革热、黄热病、马脑炎等，蝇可传播痢疾、伤寒、霍乱、脑脊髓炎、炭疽等，蟑螂可以传播肠道传染病、肝炎、念珠棘虫病、美丽简线虫病等。昆虫叮咬直接造成的局部损伤、奇痒、皮炎、过敏，影响畜禽休息，降低机体免疫功能。二是污染环境。害虫通过携带的病原微生物污染环境、器械、设备，特别是对饮水、饲料的污染，也会间接传播疫病。因此，杀灭这些害虫有利于保持畜禽养殖场环境卫生，减少疫病传播，维护人畜健康；同时，也有利于提高消毒效果，因为有了这些昆虫的大量存在和滋生，就不可能进行彻底的消毒。

1. 环境卫生

搞好养殖场环境卫生，保持环境清洁、干燥，是减少或杀灭蚊、蝇、蠓等昆虫的基本措施。如蚊虫需在水中产卵、孵化和发育，蝇蛆也需在潮湿的环境及粪便等废弃物中生长。因此，填平无用的污水池、土坑、水沟和洼地。保持排水系统畅通，对阴沟、沟渠等定期疏通，勿使污水储积。对储水池等容器加盖，以防昆虫如蚊蝇等飞入产卵。对不能清除或加盖的防火储水器，在蚊蝇滋生季节，应定期换水。永久性水体（如鱼塘、池塘等），蚊虫多滋生在水浅而有植被的边缘区域，可修整边岸，加大坡度和填充浅湾，能有效地防止蚊虫滋生。鸡舍内的粪便应定时清除，并及时处理，储粪池应加盖并保持四周环境的清洁。

2. 杀灭

杀灭的方法如下。

（1）**物理杀灭** 利用机械方法以及光、声、电等物理方法捕杀、诱杀或驱逐蚊蝇。我国生产的多种紫外线光或其他光诱器，特别是四周装有电栅，通有将220V变为5500V的10mA电流的蚊蝇光诱器，效果良好。此外，还有可以发出声波或超声波并能将蚊蝇驱逐的电子驱蚊器等，都具有防除效果。

（2）**生物杀灭** 利用天敌杀灭害虫，如池塘养鱼即可达到鱼类治蚊的目的。此外，应用细菌制剂——内菌素杀灭吸血蚊的幼虫，效果良好。

（3）**化学杀灭** 化学杀灭是使用天然或合成的毒物，以不同剂型（粉剂、乳剂、油剂、水悬剂、颗粒剂、缓释剂等），通过不同途径（胃毒、触杀、熏杀、内吸等），毒杀或驱逐昆虫。化学杀虫法具有使用方便、见效快等优点，是当前杀灭蚊蝇等害虫的较好方法。常用的杀虫剂及性能见表7-2。

表7-2　常用的杀虫剂及使用方法

名称	性状	作用	制剂、用法和用量	注意事项
二氯苯醚菊酯（氯菊酯、扑灭司林、灭司林、除虫精）	浅黄色油状液体，不溶于水，在空气和阳光下稳定，残效期长	为广谱杀虫剂，对多种畜禽体表与环境中的害虫，如蚊、螨、蝇、蜱、虻和蟑螂等均有杀灭作用。在舍内喷雾用量达25～125毫克/米² 时，灭蝇效力可持续4～12周	乳剂（10%或40%）；用0.125%～0.5%溶液喷雾，可杀灭螨。0.1%～0.2%乳液喷洒杀灭虱、蜱、蝇。对准害虫喷射或关闭门窗在舍内喷射，15分钟后使房间布满雾气，打开门窗通风	对鱼类及其他冷血动物有剧毒（如蜜蜂、家蚕）有剧毒
氯氰菊酯（灭百可、安绿宝）	黄色至棕色黏稠固体，60℃时为黏稠液体	为广谱杀虫剂，对虫体有胃毒和触杀作用。常用浓度为60毫克/升，一般用药后15天再用1次	10%氯氰菊酯乳油；灭虱时（以本品计）60毫克/升；灭蜩时（以本品计）10毫克/升喷洒	中毒后无特效解毒药，应对症治疗。对鱼及其他水生生物高毒，应避免污染水河流、湖泊、水源和鱼塘等水体。对家蚕高毒
溴氰菊酯（敌杀死）	白色结晶性粉末，难溶于水，对光稳定，遇碱易分解。其溶液在0℃以下易析出结晶	杀虫谱广，杀虫力强，对虫体有胃毒和触杀作用，无内吸作用，对有机磷和有机氯农药耐药的虫体仍有高效	5%乳油剂，10%的乳剂1：（400～1000）稀释后喷淋。必要时间隔7～10天重复使用	对人、畜低毒，但对皮肤、黏膜、眼睛、呼吸道等有较强的刺激性，特别对大面积皮肤或组织损伤者影响更为严重，用时应注意防护。误服中毒时可用4%碳酸氢钠溶液洗胃

名称	性状	作用	制剂、用法和用量	注意事项
氯氰菊酯（氯氰氰醚酯）	淡黄色结晶性粉末，在水中几乎不溶，溶于乙醇等有机溶剂。在酸性条件下稳定，在碱性条件下逐渐降解	对多种体外寄生虫与吸血昆虫如螨、虱、蚤、蚊和蝇等均有良好的杀灭效果，效果确实。以触杀为主，兼有胃毒和驱避作用。还有杀灭虫卵的作用。因此，一般情况下不需重复用药	20%乳油剂。药浴、喷淋（以氯氰菊酯计），40～100毫克/升；杀灭蚤、蚊、蝇时，稀释成0.2%浓度喷雾，喷后密闭4小时	配制溶液时，水温以12℃为宜。如水温超过25℃将会降低药效。水温超过50℃时则失效。本品在碱性条件下不稳定，所以避免使用碱性水配制溶液，并忌与碱性药物混合使用
敌敌畏	白色结晶性粉末，工业品为淡黄色至浅黄棕色油状液体，精芳香味，易挥发。带苦香味。强碱溶液和沸水中易水解，酸性溶液中较稳定，微溶于水	是一种速效、广谱的杀虫剂。对多种体外寄生虫具有熏蒸、触杀和胃毒三种作用。可以杀灭蚊、蝇、蚤等。其杀虫效力比敌百虫强8～10倍。毒性亦高于敌百虫。治疗鹅剁皮螨可用0.25%溶液喷洒或涂刷栖架、垫草和墙壁	80%敌敌畏溶液。喷洒或涂搽时，配成0.5%～1%溶液喷洒空间，地面和墙壁每100平方米面积约用1升；畜禽粪便消毒可喷洒0.5%浓度药液	加水稀释后易分解，宜现配现用。喷洒药液时应避免污染饮水、饲料、料槽和用具等。家禽对本品较敏感，使用时须慎重。对机体毒性较大，易从消化道、呼吸道和皮肤等途径吸收而中毒，中毒时可用阿托品和碘解磷定解救
蝇毒磷	硫代有机磷酸酯类化合物，纯品为白色结晶性粉末，商品制剂微带棕色，无臭，无味	以0.05%浓度沙浴、药浴或喷洒，可杀灭螨、蚤、蝇等体外寄生虫。用0.025%浓度可灭虱	16%蝇毒磷溶液，配成0.02%～0.05%的乳蝇毒磷剂外用。休药期为28天	禁止与其他有机磷化合物和胆碱酯酶抑制剂合用，以免毒性增强

续表

名称	性状	作用	制剂、用法和用量	注意事项
甲基吡啶磷	白色或类白色结晶性粉末，有特臭，微溶于水	高效、低毒的新型有机磷杀虫药，主要以胃毒为主，兼有触杀作用，能杀灭苍蝇、蟑螂、蚂蚁、跳蚤，臭虫及部分昆虫的成虫。一次喷雾，苍蝇可减少84%～97%。还具有残效期长的特点，将其涂于纸板上，悬挂于畜舍内贴于墙壁上，有效期可达10～12周，喷洒于墙壁、天花板，有效期可达6～8周。主要用于杀灭禽舍等处的成蝇，也用于居室、餐厅、食品工厂等灭蝇、灭蟑螂	①甲基吡啶磷可湿性粉（每100克中含甲基吡啶磷可湿性粉20克，9-二十三碳烯0.05克），喷雾，每200米²面积取本品与糖各500克，无分混合于4升温水中。涂布，每200米²取本品50克，糖200克，加温水适量调成糊状，涂30个点。②1%甲基吡啶磷颗粒剂，每平方米取本品2克，用水湿润后分散	本品对眼有轻微刺激性，喷洒时须注意。加水稀释后应当日用完。混悬液新配制均匀后，宜重新搅拌均匀再用。对人、畜的毒性较大，易被皮肤吸收发生中毒，用时应慎重
环丙氨嗪（灭蝇胺）	纯品为无色晶体。难溶于水，可溶于有机溶剂，本品为昆虫生长调节剂，可抑制双翅目幼虫的蜕皮，特别是幼虫第1期蜕皮，使蝇蛆死亡。主要用于控制动物厩舍内蝇蛆的繁殖生长，杀灭粪池内蝇蛆，以保证环境卫生	为昆虫生长调节剂，可抑制双翅目幼虫的蜕皮，特别是幼虫的第一期蜕皮，也可使蝇蛹不能蜕皮而死亡。口服，即使在粪便中含药量极低也可彻底杀灭蝇蛆。一般在用药6～24小时后发挥药效，可持续用药1～3周。主要用于控制禽舍内蝇幼虫的繁殖，杀灭粪池内的蝇蛆	①1%环丙氨嗪预混剂，混饲（以环丙氨嗪计），5克/1000千克饲料，连用4～6周。②50%环丙氨嗪可溶性粉，加水20米²取本品10克，加水15升。喷雾，每20米²取本品10克，加水5升。③2%环丙氨嗪可溶性颗粒，干撒，每10米²取本品5克。洒水，每10米²取本品2.5克，加水10升。喷雾，每10米²取本品5升，加水1～4升	对人、畜和禽的天敌无害，对畜禽的生长和繁殖无影响。饲喂剂量不能过大。休药期为3天

续表

名称	性状	作用	制剂、用法和用量	注意事项
马拉硫磷或精制马拉硫磷	为无色、浅黄色或棕色油状液体，微溶于水，对光稳定，在酸性、碱性介质中易水解	为低毒、高效、速效的有机磷杀虫剂，主要以触杀方式杀灭害虫，无内吸杀虫作用。可用于杀灭蚊、蝇、虱、臭虫和蟑螂等卫生害虫。也可治疗猪外寄生虫病	45%或70%乳剂，5%粉剂（以马拉硫磷计）。药浴或喷雾，配成0.2%～0.3%溶液；0.2%～0.5%溶液喷洒外环境杀虫；3%粉剂喷洒灭蟎、蜱	对人的眼睛、皮肤有刺激性，使用时应注意防护。1月龄以内的动物禁用。休药期为28天。世界卫生组织推荐的室内滞留喷洒杀虫剂
敌百虫	白色块状或粉末，有芳香味	低毒、易分解、污染小；杀灭蚊（幼）、蝇、蚤、蟑螂及体表寄生虫；对猪具有催产作用。	25%粉剂撒布：1%喷雾；0.1%～0.15%稀溶液浸洗患部治疗蟎病。每千克体重100毫克（每次投药的最大用量为7克）拌入母猪精料中一次服用，如果效果不好，次日酌情减量再投服1次（催产）	鸡、妊娠家畜禁止服用

3. 防虫灭虫注意点

利用生物或生物的代谢产物防治害虫，对人畜安全，不污染环境，有较长的持续杀灭作用。如保护好益鸟、益虫等，充分利用天敌杀虫；不同杀虫剂有不同的杀虫谱，要有目的地选择；要选择高效、长效、速杀、广谱、低毒无害、低残留和廉价的杀虫剂。

第二节　制订和严格执行消毒计划

消毒的操作过程中，影响消毒效果的因素很多，如果没有一个详细的、全面的消毒计划，并进行严格的执行，消毒的随意性大，就不可能收到良好的消毒效果。所以养殖场必须制定消毒计划，按照消毒计划要求严格实施。

一、消毒计划（程序）

消毒计划（程序）的内容应该包括消毒的场所或对象、消毒的方法、消毒的时间和次数、消毒药选择、配比稀释、交替更换、消毒对象的清洁卫生以及清洁剂的使用等。

二、执行控制

消毒计划落实到每一个饲养管理人员，严格按照计划执行并要监督检查，避免随意性和盲目性；要定期进行消毒效果检测，通过肉眼观察和微生物学监测，以确保消毒的效果，有效减少或排除病原体。

第三节　选择适当的消毒方法

消毒方法多种多样，实施消毒前，要根据消毒对象、目的、条件和环境等因素综合考虑，选择一种或几种切实可行、有效安全的消毒方法。

一、根据病原微生物选择

由于各种微生物对消毒因子的抵抗力不同，所以，要有针对性地选择消毒方法。对于一般的细菌繁殖体、亲脂性病毒、螺旋体、支原体、衣原体和立克次氏体等对消毒剂敏感性高的病原微生物等，可采用煮沸消毒或低效消毒剂消毒等常规的消毒方法，如用苯扎溴铵、洗必泰等；对于结核杆菌、真菌等对消毒剂耐受力较强的微生物可选择中效消毒剂消毒与高效的热力消毒法；对不良环境抵抗力很强的细菌芽孢需采用热力、辐射及高效消毒剂（醛类、强酸强碱类、过氧化物类消毒剂）等消毒。真菌的孢子对紫外线抵抗力强，季铵盐类消毒剂对肠道病毒无效。

二、根据消毒对象选择

同样的消毒方法对不同性质物品的消毒效果往往不同。动物活体消毒要注意对动物体和人体的安全性和效果的稳定性；空气和圈、舍、房间等消毒采用熏蒸，物体表面消毒可采用擦、抹、喷雾，小物体靠浸泡，触摸不到的地方可用照射、熏蒸、辐射、饲料及添加剂等均采用辐射，但要特别注意对消毒物品的保护，使其不受损害，例如毛皮制品不耐高温，对于食具、水具、饲料、饮水等不能使用有毒或有异味的消毒剂消毒。

三、根据消毒现场

进行消毒的环境情况往往是复杂的，对消毒方法的选择及效果的影响也是多样的。例如，要进行圈、笼、舍、房间的消毒，如其封闭效果好的，可以选用熏蒸消毒，封闭性差的最好选用液体消毒处理。对物体表面消毒时，耐腐蚀的物体表面用喷洒的方法好；怕腐蚀的物品要用无腐蚀的化学消毒剂喷洒、擦拭的方法消毒。对于通风条件好的房间进行空气消毒可利用自然换气法，必要时可以安装过滤消毒器；若通风不好、污染空气长期滞留在建筑物内可以使用药物熏蒸或气溶胶喷洒等方法处理。如对空气的紫外线消毒时，当室内有人或饲养有动物时，只能用反向照射法（向上方照射），以免对人和动物体造成伤害。

四、消毒的安全性

选择消毒方法应时刻注意消毒的安全性。例如，在人群、动物群集地方，不要使用具有毒性和刺激性强的气体消毒剂，在距火源50米以内的场所，不能大量使用环氧乙烷类易燃、易爆类消毒剂。在发生传染病的地区和流行病的发病场、群、舍，要根据卫生防疫要求，选择合适的消毒方法，加大消毒剂的消毒频率，以提高消毒的质量和效率。

第四节　选择适宜的消毒剂

化学消毒是生产中最常用的方法。但市场上的消毒剂种类繁多，其性质与作用不尽相同，消毒效力千差万别，所以，消毒剂的选择至关重要，关系到消毒效果和消毒成本，必须选择适宜的消毒剂。

一、优质消毒剂的标准

优质的消毒剂应具备杀菌谱广，有效浓度低，作用速度快；化学性质稳定，且易溶于水，能在低温下使用；不易受有机物、酸、碱及其他理化因素的影响；毒性低，刺激性小，对人畜危害小，不残留在畜产品中，腐蚀性小，使用无危险；无色、无味、无臭，消毒后易于去除残留药物；价格低廉，使用方便。

二、适宜消毒剂的选择

（一）考虑消毒病原微生物的种类和特点

不同种类的病原微生物，如细菌、细菌芽孢、病毒及真菌等，它们对消毒剂的敏感性有较大差异，即其对消毒剂的抵抗力有强有弱。消毒剂对病原微生物也有一定选择性，其杀菌、杀病毒力也有强有弱。针对病原微生物的种类与特点，选择合适的消毒剂，这是消毒工作成败的关键。例如，要杀灭细菌芽孢，就必须选用高效的消毒剂，才能取得可靠的消毒效果；季铵盐类是阳离子表面活性剂，因其杀菌作用的阳离子具有亲脂性，而革兰氏阳性菌的细胞壁含类脂多于革兰氏阴性菌，故革兰氏阳性菌更易被季铵盐类消毒剂灭活；如为杀灭病毒，应选择对病毒消毒效果好的碱类消毒剂、季铵盐类消毒剂及过氧乙酸等；同一种类病原微生物所处的不同状态，对消毒剂的敏感性也不同。同一种类细菌的繁殖体比其芽孢对消毒剂的抵抗力弱得多，生长期的细菌比静止期的细菌对消毒剂的抵抗力也低。

（二）考虑消毒对象

不同的消毒对象，对消毒剂有不同的要求。选择消毒剂时既要考虑对病原微生物的杀灭作用，又要考虑消毒剂对消毒对象的影响。不同的消毒对象选用不同的消毒药物，见表7-3。

表7-3　养殖场消毒药物选择参考

消毒种类	选用药物
饮水消毒	百毒杀、博灭特、过氧乙酸、漂白粉、强力消毒王、速效碘、超氯、益康、抗毒威、优氯净
带畜消毒	百毒杀、博灭特、新洁尔灭、强力消毒王、速效碘、过氧乙酸、益康
畜体消毒	益康、新洁尔灭、过氧乙酸、强力消毒王、速效碘
空闲畜禽舍消毒	百毒杀、博灭特、过氧乙酸、强力消毒王、速效碘、农福、畜禽灵、超氯、抗毒威、优氯净、苛性钠、福尔马林
用具、设备消毒	百毒杀、博灭特、强力消毒王、过氧乙酸、速效碘、超氯、抗毒威、优氯净、苛性钠
环境、道路消毒	苛性钠、来苏儿、石炭酸、生石灰、过氧乙酸、强力消毒王、农福、抗毒威、畜禽灵、百毒杀、博灭特、
脚踏、轮胎消毒（槽）	苛性钠、来苏儿、百毒杀、博灭特、强力消毒王、农福、抗毒威、超氯、农福、畜禽灵
车辆消毒	苛性钠、来苏儿、过氧乙酸、速效碘、超氯、抗毒威、优氯净、百毒杀、博灭特、强力消毒王
粪便消毒	漂白粉、生石灰、草木灰、畜禽灵

（三）考虑消毒的时机

平时消毒，最好选用对较广范围的细菌、病毒、霉菌等均有杀灭效果，而且是低毒、无刺激性和腐蚀性，对畜禽无危害，产品中无残留的常用消毒剂。在发生特殊传染病时，可选用任何一种高效的非常用消毒剂，因为是在短期间内应急防疫的情况下使用，所以无需考虑其对消毒物品有何影响，而是把防疫灭病的需要放在第一位。

（四）考虑消毒剂的生产厂家

目前生产消毒剂的厂家和产品种类较多，产品的质量参差不齐，效果不一。所以选择消毒剂时应注意消毒剂的生产厂家，选择生产规范、信誉度高的厂家的产品。同时要防止购买假冒伪劣产品。

第五节　保持清洁卫生 ≫

　　清洁卫生既是物理消毒方法，又可以提高化学消毒剂的效力。畜禽舍内的粪便、羽毛、饲料、蜘蛛网、污泥、脓液、油脂等，常会降低所有消毒剂的效力。其降低消毒剂效力的原因主要有以下几个方面。一是隐蔽细菌。如粪便，除大的粪块外，还有肉眼看不见的粪便粉尘，它在显微镜下和微生物比较是大的块体。火柴头大小的粪块，在其中可隐蔽几万乃至几十万个细菌。消毒剂分子很难进入粪块中，因而影响消毒剂的杀菌作用。二是吸收消毒剂。分子大的有机物块，有如大块海绵，能吸收大量的消毒剂分子，从而可使消毒剂分子数减少（降低浓度），结果使消毒力降低。三是酸碱度的影响。由于有机物酸碱度的原因，可严重影响消毒剂发挥作用。例如鸡粪的pH一般在8.0以上，如果用只能在酸性条件下发挥作用的消毒剂（如碘剂）与其结合，可因碱性的影响而降低消毒力。由于有机物与消毒剂的种类不同，影响的程度差异较大。所以，化学消毒的先决条件要求表面完全干净。消毒对象表面的污物（尤其是有机物）需先清除，这是提高化学消毒剂消毒效力的最重要一步。在许多情况下，表面的清除甚至比化学消毒更重要。进行各种表面的清洗时，除了刷、刮、擦、扫外，还应用高压水冲洗，有利于有机物溶解与脱落，化学消毒效果会更好。

　　养殖场不可避免地总会有些有机物存在，多以粪尿、血、脓、伤口的坏死组织、黏液和其他分泌物及一些产品的残留物最为常见，应进行清理清洁后再消毒；消毒用具、器械时，先清洗后才施用消毒剂是最基本的要求，而此可以借助清洁剂与消毒剂的合剂来完成。

第六节　正确的操作

消毒的操作非常重要，正确的操作是提高消毒效果的重要一环。

一、药物浓度配制准确

药物浓度是决定消毒剂效力的首要因素。消毒、杀虫药物的原药和加工剂型一般含纯品浓度较高，用前需进行适当稀释。只有合理计算并正确操作，才能获得准确的浓度和剂量。

（一）药物浓度的表示方法

1. 稀释倍数表示

这是制造厂商依其药剂浓度计算所得的稀释倍数，表示1份药剂以若干份水来稀释而成，如稀释倍数为1000倍时，即在每升水中添加1毫升药剂以配成消毒溶液。

2. 百分浓度（%）表示

即每100份药物中含纯品（或工业原药）的份数。百分浓度又分质量百分浓度、体积百分浓度和质量体积百分浓度3种。

（1）质量百分浓度（*W/W*）表示　即每100克药物中含某药纯品的克数。如6%可湿性六六六粉，指在100克可湿性六六六粉中，含有效成分丙体六六六6克，通常用于表示粉剂的浓度。

（2）**体积百分浓度（V/V）表示** 即每100毫升药物中含某药纯品的毫升数。如90%酒精溶液，指在100毫升酒精溶液中含纯酒精90毫升，通常用于表示溶质及溶剂的浓度。

（3）**质量体积百分浓度表示（W/V）** 即每100毫升药物中含某药纯品的克数。如1%的敌百虫溶液，指在100毫升敌百虫溶液中含纯敌百虫1克。溶质为固体，溶液为液体时用此法表示。

（4）**稀释倍数与百分浓度的换算**

$$稀释后百分浓度（\%）=\frac{原药浓度}{稀释倍数}$$

$$稀释倍数=\frac{原药浓度}{稀释后的百分浓度}$$

（二）药液稀释计算方法

1. 稀释浓度计算方法

按药物总含量在稀释前与稀释后其绝对值不变，可以列出两个公式。

$$浓溶液容量=\frac{稀溶液浓度}{浓溶液浓度}\times稀溶液容量$$

【例】若配0.2%过氧乙酸3000毫升，问需要20%过氧乙酸原液多少？

解：20%过氧乙酸原液用量$=\frac{0.2}{20}\times3000=30$（毫升）

答：需要20%过氧乙酸30毫升。即用20%过氧乙酸30毫升，用水稀释至3000毫升即可。

$$稀溶液容量=\frac{浓溶液浓度}{稀溶液浓度}\times浓溶液容量$$

【例】现有20%过氧乙酸原液30毫升，欲配成0.2%过氧乙酸溶液，问能配多少毫升？

解： 能配0.2%的过氧乙酸溶液毫升数 $= \dfrac{20}{0.2} \times 30 = 3000$（毫升）

答：能配0.2%过氧乙酸溶液3000毫升。

2. 稀释倍数计算方法

稀释倍数是指原药或加工剂型同稀释剂的比例，它一般不能直接反映出消毒、杀虫药物的有效成分含量，只能表明在药物稀释时所需稀释剂的倍数或份数。如高锰酸钾1 ： 800倍稀释；辛硫磷1 ： 500倍稀释等。稀释倍数计算公式有如下两种。

（1）由浓度比求稀释倍数

$$稀释倍数 = \dfrac{原药浓度}{使用浓度}$$

【例】50%辛硫磷乳油欲配成0.1%乳剂杀虫，问需稀释若干倍？

解：稀释倍数 $= \dfrac{50}{0.1} = 500$（倍）

答：需稀释500倍，即取50%辛硫磷乳油1千克，加水500升。

稀释剂的用量如稀释在100倍以下时，等于稀释倍数减1；如稀释倍数在100倍以上，等于稀释倍数。如稀释50倍，则取1千克药物加水49升（即50-1=49）。

（2）由重量比求稀释倍数

$$稀释倍数 = \dfrac{使用药物重量}{原药物重量}$$

【例】用双硫磷锯末防治鸡舍附近稻田内蚊幼虫，需50%双硫磷乳油1千克，加水9升，加入50千克锯末中浸渍搅匀制成，求双硫磷的稀释倍数？

解：稀释倍数 $= \dfrac{1+9+50}{1} = 60$（倍）

答：双硫磷的稀释倍数是60。即制成双硫磷锯末后，50%双硫磷稀释60倍。

3. 简便计算法（十字交叉法）

如下面画出两条交叉的线，把所需浓度写在两条线的交叉点上，已知浓度写在左上端，左下端为稀释液（水）的浓度（即为0），然后，将两条线上的两个数字相减，差数（绝对值）写在该直线的另一端。这样，右上端的数字即为配制此溶液时所需浓度溶液的份数，右下端的数字即为需加水的份数。

[例]用95%的甲醛溶液配制成46%的福尔马林溶液，按此法画出十字交叉图：

由图得知，用95%的甲醛溶液46份，加水49份，混匀，即成46%的福尔马林溶液。

[例]用95%酒精及50%的酒精配制成75%的酒精，问需要95%及50%的酒精各多少？

按此法画出十字交叉图，将三种浓度填入图中。

由图得知，需95%酒精25份加50%酒精20份，便可配成75%酒精溶液。

另外，计算准确的药物稀释时要搅拌均匀，特别是黏度大的消毒剂在稀释时更应注意搅拌成均匀的消毒液，否则，计算得再准确，也不能保证好的效果。

二、药物的量充足

单位面积的药物使用量与消毒效果有很大的关系，因为消毒剂要发挥效力，须先使欲消毒表面充分浸湿，所以如果增加消毒剂浓度2倍，而将药液量减成1/2时，可能因物品无法充分湿润而不能达到消毒效果。通常鸡舍的水泥地面消毒3.3米^{2}至少要5升的消毒液。

消毒液量要充足这不仅限于畜禽舍消毒，对脚踏消毒槽（池）、饲养用具以及其他物品的消毒也应该如此。消毒剂的性质、有机物的污染程度和消毒液的液量，三者之间的关系，是影响消毒力的主要因素。有机物少，消毒液量多，则消毒力降低得少。反之，有机物量多，消毒液量少，则消毒力降低得多。有人在鸡舍做实验，被鸡粪污染的水泥床面，用500倍液碘制剂，每平方米喷洒600毫升，约在1小时干燥后取样检查实验结果，尚有多数细菌存活。而在相同条件下的床面，用500倍液阳离子表面活性剂，每平方米喷洒1500毫升，竟取得了好的消毒效果。

三、保持一定的温度

消毒作用也是一种化学反应，因此加温可增进消毒杀菌率。大部分消毒液的温度，常与消毒力成正比，即消毒液温度高，消毒力也随之增强，尤其是戊乙醛类（卤素类的碘剂例外）。若加化学制剂于热水或沸水中，则其杀菌力大增。在寒冷季节用热水稀释消毒剂，比用冷水稀释的效力强。例如，通常以20℃为基准的消毒液温度，升高到30℃时，虽然仅升高10℃，但是杀菌力可提高2倍。对仅靠加热很难杀死的细菌，如果添加消毒剂，就能很容易地将其杀死。例如，巨杆菌（芽孢杆菌属巨芽孢杆菌）芽孢，在60℃热水中长时间处理几乎无效果，如果在上述热水中加入10毫克/升（10万倍）的阳离子表面活性剂，15分钟芽孢即可被杀死。此外，提高消毒液温度，可使在常温下杀菌效力弱的消毒剂增强消毒效力，在常温下杀菌效力强的消毒剂，可降低浓度、缩短作用时间。

但是，并非所有的消毒液提高温度后都能增强消毒力，如卤素消毒剂（含氯剂、碘剂），温度高反而会降低消毒作用，这是因为卤素消毒剂具有容易蒸发的性质。特别是碘剂，可不经固体变成液体的过程，而是直接成为气体（升华），所以在常温下放置一定时间后，便由于蒸发（分子逸失）而降低杀菌力。

对许多常用的温和消毒剂而言，在接近冰点的温度是毫无作用的。在用甲醛气体熏蒸消毒时，如将室温提高到24℃以上，会得到较好的消毒效果。但须注意的是真正重要的是消毒物表面的温度，而非空气的温度，常见的错误是在使用消毒剂前极短时间内进行室内加温，如此不足以提高水泥地面的温度。

消毒剂稀释液的温度，可影响消毒效果。有人用酒精、阳离子表面活性剂、碘伏、次氯酸钠、两性离子表面活性剂及福尔马林等消毒剂，在常温（20℃）和低温（5℃）两种液温条件下，对伤寒杆菌、大肠杆菌、金黄色葡萄球菌、铜绿假单胞菌、荚膜杆菌（肠道细菌的一种）、念珠菌（霉菌的一种）的杀菌效果，做对照实验。结果显示：在常温（20℃）下，酒精和阳离子表面活性剂对上述细菌均在30秒以内杀死；碘伏对铜绿假单胞菌、念珠菌为30秒至2分钟，大肠杆菌为2～5分钟，荚膜杆菌为5～10分钟。可以看出，碘伏与酒精、阳离子表面活性剂相比，其杀菌速度比较迟缓。两性离子表面活性剂对金黄色葡萄球菌、铜绿假单胞菌、荚膜杆菌为30秒至2分钟，对念珠菌为10～30分钟；次氯酸钠对金黄色葡萄球菌为2～5分钟，其他细菌为20秒至2分钟；福尔马林对念珠菌为5～15分钟，其他细菌为10 ～ 30分钟。在低温（5℃）条件下，酒精对金黄色葡萄球菌为5 ～ 10分钟；阳离子表面活性剂对铜绿假单胞菌为30秒至2分钟；碘伏对伤寒杆菌、金黄色葡萄球菌为5 ～ 10分钟，其他细菌为10 ～ 30分钟；两性离子表面活性剂对伤寒杆菌以外的细菌表现迟缓，如荚膜杆菌、念珠菌，在30分钟以内均不能杀死；次氯酸钠对伤寒杆菌为5 ～ 10分钟，念珠菌为10 ～ 30分钟；福尔马林对以上各种细菌，在30分钟以内均不能杀死。

四、接触时间充足

消毒时，至少应有30分钟的浸渍时间以确保消毒效果。有的人在消毒手时，用消毒液洗手后又立即用清水洗手，是起不到消毒效果的。在浸渍消毒鸡笼、蛋盘等器具时，不必浸渍30分钟，因在取出后至干燥前消毒作用仍在进行，所以浸渍约20秒即可。细菌与消毒剂接触时，不会立即被消灭。细菌的死亡，与接触时间、温度有关。消毒剂所需杀菌的时间，从数秒到几个小时不等，例如氧化剂作用快速，醛类则作用缓慢。检查在消毒作用的不同阶段的微生物存活数目，可以发现在单位时间内所杀死的细菌数目与存活细菌数目是常数关系，因此起初的杀菌速度非常快，但随着细菌数的减少杀菌速度逐步缓慢下来，以致到最后要完全杀死所有的菌体，必须要有显著较长的时间。此种现象在现场常会被忽略，因此必须要特别强调，消毒剂需要一段作用时间（通常指24小时）才能将微生物完全杀灭，另外须注意的是许多灵敏消毒剂在液相时才能有最大的杀菌作用。

五、注意配伍禁忌

不要把两种或两种以上消毒剂或把消毒剂与杀虫剂等混合使用，否则会影响消毒效果。把两种以上消毒剂或杀虫剂混合使用可能很方便，却可能发生一些肉眼可见的沉淀、分离变化或肉眼见不到的变化（如pH的变化），而使消毒剂或杀虫剂失去其效力。但为了增大消毒药的杀菌范围，减少病原种类，可以选用几种消毒剂交替使用，使用一种消毒剂1～2周后再换用另一种消毒剂，因为不同的消毒剂虽然介绍时说是广谱，但都有一定的局限性，不可能杀死所有的病原微生物或对某些病原杀灭力强，对某些杀灭弱，多种消毒剂交替使用能起到互补作用，能更全面、更彻底地杀灭各种病原微生物。

六、注意使用上的安全

许多消毒剂具有刺激性或腐蚀性，例如强酸性的碘剂、强碱性的石炭酸剂等，因此切勿在调配药液时用手直接去搅拌，或在进行器具消毒时直接用手去搓洗。如不慎沾到皮肤时应立即用水洗干净。使用毒性或刺激性较强的消毒剂，或喷雾消毒时应穿着防护衣服与戴防护眼镜、口罩、手套。有些磷制剂、甲苯酚、过氧乙酸等，具可燃性和爆炸性，如40%以上浓度的过氧乙酸加热至50℃可引起爆炸，因此在保存和使用消毒剂时应提防火灾和爆炸的发生。有些消毒剂对畜禽有毒害作用，如使用石炭酸消毒猪舍后，舔呱墙壁的猪有发生中毒的。

七、消毒后的废水处理

消毒后的废水含有化学物质，不能随意排放到河川或下水道，必须进行处理。在养殖场应设有排水处理设施，用来对消毒后的废水进行无害化处理。

附录

一、畜禽病害肉尸及其产品无害化处理规程（GB 6548—1996）

1. 主题内容与适用范围

本标准规定了畜禽病害肉尸及其产品的销毁、化制、高温理和化学处理的技术规范。

本标准适用于各类畜禽饲养场、肉类联合加工厂、定点屠宰点和畜禽运输及肉类市场等。

2. 处理对象

2.1 猪、牛、羊、马、驴、骡、驼、兔及鸡、火鸡、鸭、鹅患传染性疾病、寄生虫病和中毒性疾病的肉尸（除去皮毛、内脏和蹄）及其产品（内脏、血液、骨、蹄、角和皮毛）。

2.2 其他动物病害肉尸及其产品的无害化处理，参照本标准执行。

3. 病、死畜禽的无害化处理

3.1　销毁

3.1.1　适用对象　确认为炭疽、鼻疽、牛瘟、牛肺疫、恶性水肿、气肿疽、狂犬病、羊肺疫、羊肠毒血症、肉毒梭菌中毒症、马流行性淋巴管炎、马传染性贫血病、马鼻腔肺炎、马鼻气管炎、蓝舌病、非洲猪瘟、猪瘟、口蹄疫、猪传染性水疱病、猪密螺旋体痢疾、急性猪丹毒、牛鼻气管炎、黏膜病、钩端螺旋体病（已黄染肉尸）、李氏杆菌病、布鲁氏菌病、鸡新城疫、马立克氏病、鸡瘟（禽流感）、小鹅瘟、鸭瘟、兔病毒性出血症、野兔热、兔产气荚膜梭菌病等传染病和恶性肿瘤或两个器官发现肿瘤的病畜禽整个尸体；从其他患病畜禽各部分割除下来的病变部分和内脏。

3.1.2　操作方法　下述操作中，运送尸体应采用密闭的容器。

3.1.2.1　湿法化制　利用湿化机，将整个尸体投入化制（熬制工业用油）。

3.1.2.2　焚毁　将整个尸体或割除下来的病变部分和内脏投入焚化炉中烧毁炭化。

3.2　化制

3.2.1　适用对象凡病变严重、肌肉发生退行性变化的除3.1.1传染病以外的其他传染病、中毒性疾病、囊虫病、旋毛虫病及自行死亡或不明原因死亡的畜禽整个尸体或肉尸和内脏。

3.2.2　操作方法利用干化机，将原料分类，分别投入化制。亦可使用3.1.2.1方法化制。

3.3　高温处理

3.3.1　适用对象　猪肺疫、猪溶血性链球菌病、猪副伤寒、结核病、副结核病，禽霍乱、传染性法氏囊病、鸡传染性支气管炎、鸡传染性喉气管炎、羊痘、山羊关节炎脑炎、绵羊梅迪/维斯那病、弓形虫病、梨形虫病、锥虫病等病畜的肉尸和内脏。

确认为3.1.1传染病病畜禽的同群畜禽以及怀疑被其污染的肉尸和内脏。

3.3.2　操作方法

3.3.2.1　高压蒸煮法　把肉尸切成重不超过2千克、厚不超过8厘米的肉块，放在密闭的高压锅内，在112千帕下1.5～2小时。

3.3.2.2　一般煮沸法

将肉尸切成3.3.2.1规定大小的肉块，放在普通锅内煮沸2～2.5小时（从水沸腾时算起）。

4. 病畜禽产品的无害化处理

4.1　血液

4.1.1　漂白粉消毒法　用于3.1.1条中的传染病以及血液寄生虫病病畜禽血液的处理。将1份漂白粉加入4份血液中充分搅匀，放置24小时后于专设掩埋废弃物的地点掩埋。

4.1.2　高温处理　用于3.3.1条患病畜禽血液的处理。将已凝固的血液切划成豆腐方块，放入沸水中烧煮，至血块深部呈黑红色并成蜂窝状时为止。

4.2　蹄、骨和角　将肉尸作高温处理时剔出的病畜禽骨和病畜的蹄、角放入高压锅内蒸煮至骨脱胶或脱脂时止。

4.3　皮毛

4.3.1　盐酸食盐溶液消毒法　用于被3.1.1疫病污染的和一般病畜的皮毛消毒。用2.5%盐酸溶液和15%食盐水溶液等量混合，将皮张浸泡在此溶液中，并使液温保持在30℃左右，浸泡40小时，皮张与消毒液之比为1∶10（*m/V*）。浸泡后捞出沥干，放入2%氢氧化钠溶液中，以中和皮张上的酸，再用水冲洗后晾干。也可按100毫升25％食盐水溶液中加入盐酸1毫升。配制消毒液，在室温15℃条件下浸48小时，皮张与消毒液之比为1：4。浸泡后捞出沥干，再放入1％氢氧化钠溶液中浸泡，以中和皮张上的酸，再用水冲洗后晾干。

4.3.2　过氧乙酸消毒法　用于任何病畜的皮毛消毒。将皮毛放入新鲜配制的2％过氧乙酸溶液中浸泡30分钟，捞出，用水冲洗后晾干。

4.3.3　碱盐液浸泡消毒　用于同3.1.1疫病污染的皮毛消毒。将病皮浸入5％碱盐液（饱和盐水内加5％烧碱）中，室温（17～20℃）浸泡24小时，并随时加以搅拌，然后取出挂起，待碱盐液流净，放入5％盐酸液内浸泡，使皮上的酸碱中和，捞出，用水冲洗后晾干。

4.3.4　石灰乳浸泡消毒　用于口蹄疫和螨病病皮的消毒。制法：将1份生石灰加1份水制成熟石灰，再用水配成10％或5％混悬液（石灰乳）。口蹄疫病皮，将病皮浸入10％石灰乳中浸泡2小时；螨病病皮，则将皮浸入5％石灰乳中浸泡12小时，然后取出晾干。

4.3.5　盐腌消毒　用于布鲁氏菌病病皮的消毒。用皮重15％的食盐，均匀撒于皮的表面。一般毛皮腌制2个月，胎儿毛皮腌制3个月。

4.4　病畜鬃毛的处理　将鬃毛于沸水中煮沸2～2.5小时。用于任何病畜的鬃毛处理。

二、畜禽场环境质量标准（NY/T 388—1999）

1. 范围

本标准规定了畜禽场必要的空气、生态环境质量标准以及畜禽饮用水的水质标准。

本标准适用于畜禽场的环境质量控制、监测、监督、管理、建设项目的评价及畜禽场环境质量的评估。

2. 引用标准

下列标准所包含的条文，通过在本标准中引用而构成为本标准的条文。本标准出版时，所示版本均为有效。所有标准都会被修订，使用本标准的各方应探讨使用下列标准最新版本的可能性。

GB 2930—1982　牧草种子检验规程

GB/T 5750—1985　生活饮用水标准检验法

GB/T 6920—1986　水质　pH的测定玻璃电极法

GB/T 7470—1987　水质　铅的测定双硫腙分光光度法

GB/T 7475—1987　水质　铜、锌、铅、镉的测定原子吸收分光光谱法

GB/T 7467—1987　水质　六价铬的测定二苯碳酰二肼分光光度法

GB/T 7477—1987　水质　钙和镁总量的测定EDTA滴定法

GB/T 13195—1991　水质　水温的测定温度计或颠倒温度计测定法

GB/T 14623—1993　城市区域环境噪声测量方法

GB/T 14668—1993　空气质量　氨的测定纳氏试剂比色法

GB/T 14675—1993　空气质量　恶臭的测定　三点比较式臭袋法

GB/T 15432—1995　环境空气　总悬浮颗粒物的测定　重量法

3. 术语

3.1　畜禽场　按养殖规模本标准规定：鸡>5000只，母猪

存栏>75头，牛>25头为畜禽场，该场应设置有舍区、场区和缓冲区。

3.2 舍区 畜禽所的半封闭的生活区域，即畜禽直接的生活环境区。

3.3 场区 规模化畜禽场围栏或院墙以内、舍区以外的区域。

3.4 缓冲区 在畜禽场外周围，沿场院向外＜500米范围内的畜禽保护区，该区具有保护畜禽场免受外界污染的功能。

3.5 PMI 可吸入颗粒物，空气动力学当量直径＜10微米的颗粒物。

3.6 TSP 总悬浮颗粒物，空气动力学当量直径＜100微米的颗粒物。

4. 技术要求

4.1 畜禽场空气环境质量 畜禽场空气环境质量见附表2-1。

附表2-1 畜禽场空气环境质量

序号	项目	单位	缓冲区	场区	舍 区			
					雏禽舍	成禽舍	猪舍	牛舍
1	氨气	毫克/米^3	2	5	10	15	25	20
2	硫化氢	毫克/米^3	1	2	2	10	10	8
3	二氧化碳	毫克/米^3	380	750		1500	1500	1500
4	PM10	毫克/米^3	0.5	1		4	1	2
5	TSP	吨/米^3	1	2		8	3	4
6	恶臭	稀释倍数	40	50		70	70	70

4.2 舍区生态环境质量　舍区生态环境质量见附表2-2。

附表2-2　舍区生态环境质量

序号	项目	单位	雏禽	成禽	仔猪	成猪	牛
1	温度	℃	21～27	10～24	27～32	11～17	10～15
2	湿度（相对）	%	75		80		80
3	风速	米/秒	0.5	0.8	0.4	1.0	1.0
4	照度	勒克斯	50	30	50	30	50
5	细菌	个/米³	25000		17000		2000
6	噪声	分贝	60	80	80		75
7	粪便含水率	%	65～70		70～80		75
8	粪便清理	—	干法		日清粪		日清粪

4.3 畜禽饮用水质量　畜禽饮用水质量见附表2-3。

附表2-3　畜禽饮用水质量

序号	项目	单位	自备井	地面水	自来水
1	大肠菌群	个/L	3	3	
2	细菌总数	个/L	100	200	
3	pH		5.5～8.5		
4	总硬度	mg/L	600		
5	溶解性总固体	mg/L	2000①		
6	铅	mg/L	Ⅳ类地下水标准	Ⅳ类地下水标准	饮用水标准
7	铬（六价）				

① 甘肃、青海、新疆和沿海、岛屿地区可以放宽到3000毫克/升。

5. 监测

5.1 采样　环境质量各种参数的监测及采样点、采样办法、采样高度及采样频率的要求按《环境监测技术规范》执行。

5.2 分析方法　各项污染物的分析方法见附表2-4。

附表2-4　各项污染物的分析方法

序号	项目	方法	方法来源
1	氨气	纳氏试剂比色法	GB/T 14668—1993
2	硫化氢	碘量法	中国环境监测总站《污染源统一监测分析方法》（废气部分），中国标准出版社，1985
3	二氧化碳	滴定法	国家环保总局《水和废水监测分析方法》（第三版），中国环境科学出版社，1989
4	PM10	重量法	GB/T 6920—1986
5	TSP	重量法	GB/T 15432—1995
6	恶臭	三点比较式臭袋法	GB/T 14675—1993
7	温度	温度计测定法	GB/T 13195—1991
8	相对湿度	湿度计测定法	国家气象局《地面气象观测规范》，1979
9	风速	风速仪测定法	国家气象局《地面气象观测规范》，1979
10	照度	照度计测定法	国家气复局《地面气象观测规范》，1979
11	空气细菌总数	平板法	GB/T 5750—1985
12	噪声	声级计测量法	CB/T 14623—1993
13	粪便含水率	重量法	参考GB/T 2930—1982暂采用此法
14	大肠菌群	多管发酵法	CB/T 14623—1985
15	水质细菌总数	菌落总数测定	《水和废水监测分析方法》（第三版），中国环境科学出版社，1989
16	pH	玻璃电极法	GB/T 6920—1986
17	总硬度	EDTA滴定法	CB/T 7477—1987
18	溶解性总固体	重量法	《水和废水监测分析方法》（第三版），中国环境科学出版社，1989
19	铅	原子吸收分光光度法；双硫腙分光光度法	GB/T 7475—1987；CB/T 7470—1987
20	铬（六价）	二苯碳酰二肼分光光度法	GB/T 7467—1987

三、畜禽养殖污染防治管理办法

《畜禽养殖污染防治管理办法》已于2001年3月20日经国家环境保护总局局务会议通过，现予发布施行。全文如下：

第一条　为防治畜禽养殖污染，保护环境，保障人体健康，根据环境保护法律、法规的有关规定，制定本办法。

第二条　本办法所称畜禽养殖污染，是指在畜禽养殖过程中，畜禽养殖场排放的废渣；清洗畜禽体和饲养场地、器具产生的污水及恶臭等对环境造成的危害和破坏。

第三条　本办法适用于中华人民共和国境内畜禽养殖场的污染防治。

第四条　畜禽养殖污染防治实行综合利用优先，资源化、无害化和减量化的原则。

第五条　县级以上人民政府环境保护行政主管部门在拟定本辖区的环境保护规划时，应根据本地实际，对畜禽养殖污染防治状况进行调查和评价，并将其污染防治纳入环境保护规划中。

第六条　新建、改建和扩建畜禽养殖场，必须按建设项目环境保护法律、法规的规定，进行环境影响评价，办理有关审批手续。畜禽养殖场的环境影响评价报告书（表）中，应规定畜禽废渣综合利用方案和措施。

第七条　禁止在下列区域内建设畜禽养殖场：

（一）生活饮用水水源保护区、风景名胜区、自然保护区的核心区及缓冲区；

（二）城市和城镇中居民区、文教科研区、医疗等人口集中地区；

（三）县级人民政府依法划定的禁养区域；

（四）国家或地方法律、法规规定需特殊保护的其他区域。

本办法颁布前已建成的、地处上述区域内的畜禽养殖场应限期搬迁或关闭。

第八条　畜禽养殖场污染防治设施必须与主体工程同时设计、同时施工、同时使用、畜禽废渣综合利用措施必须在畜禽养殖场投入运营的同时予以落实。环境保护行政主管部门在对畜禽养殖污染防治设施进行竣工验收时，其验收内容中应包括畜禽废渣综合利用措施的落实情况。

第九条　畜禽养殖场必须按有关规定向所在地的环境保护行政主管部门进行排污申报登记。

第十条　畜禽养殖场排放污染物，不得超过国家或地方规定的排放标准。

在依法实施污染物排放总量控制的区域内，畜禽养殖场必须按规定取得《排污许可证》，并按照《排污许可证》的规定排放。

第十一条　畜禽养殖场排放污染物，应按照国家规定缴纳排污费；向水体排放污染物，超过国家或地方规定排放标准的，应按规定缴纳超标准排污费。

第十二条　县级以上人民政府环境保护行政主管部门有权对本辖区范围内的畜禽养殖场的环境保护工作进行现场检查，索取资料，采集样品，监测分析。被检查单位和个人必须如实反映情况，提供必要资料。

检查机关和人员应当为检查的单位和个人保守技术秘密和业务秘密。

第十三条　畜禽养殖场必须设置畜禽废渣的储存设施和场所，采取对储存场所地面进行水泥化等措施，防止畜禽废渣渗漏、散落、溢流、雨水淋湿、恶臭气味等对周围环境造成污染和危害。

畜禽养殖场应当保持环境整洁，采取清污分流和粪尿的干湿分离等措施，实行清洁养殖。

第十四条　畜禽养殖场应采取将畜禽粪渣还田、生产沼气、制造有机肥、制造再生饲料等方法进行综合利用。

用于还田的畜禽粪便，应当经处理达到规定的无害化标准，防止病菌传播。

第十五条　禁止向水体倾倒畜禽废渣。

第十六条　运输畜禽废渣，必须采取防渗漏、防流失、防遗撒及其他防止污染环境的措施，妥善处理储运工具清洗废水。

第十七条　对超过规定排放或排放总量指标，排放污染物或造成周围环境严重污染的畜禽养殖场，县级以上人民政府可以提出限期整改治理建议，报同级人民政府批准实施。

被责令限期治理的畜禽养殖场应向做出限期治理决定的人民政府的环境保护行政主管部门提交限期治理计划，并定期报告实施情况。提交的限期治理计划中，应规定畜禽废渣综合利用方案。环境保护行政主管部门在对畜禽养殖场限期治理项目进行验收时，其验收内容中应包括上述综合利用方案的落实情况。

第十八条　违反本办法规定，有下列行为之一的，由县级以上人民政府环境保护行政主管部门责令停止违法行为，限期改正，并处以1000元以上1万元以下罚款：

（一）未采取有效措施，致使储存的畜禽废渣渗漏、散落、溢流、雨水淋湿、散发恶臭气味等对周围环境造成污染和危害的；

（二）向水体倾倒畜禽废渣的。

违反本办法其他有关规定，由环境保护行政主管部门依据有关环境保护法律、法规的规定给予处罚。

第十九条　本办法中的畜禽养殖场，是指常年存栏量为500头以上的猪、3万羽以上的鸡和100头以上的牛的畜禽养殖场，以及达到规定规模标准的其他类型的畜禽养殖场。其他类型的畜禽养殖场的规模标准，由省级环境保护行政主管部门根据本地区实际，参照上述标准做出规定。

地方法规或规章对畜禽养殖场的规模标准规定严于第一款确定的规模标准的，从其规定。

第二十条　本办法中的畜禽废渣，是指畜禽养殖场的畜禽粪便、畜禽舍垫料、废饲料及散落的毛羽等固体废物。

第二十一条　本办法自公布之日起实施。

四、畜禽养殖业污染防治规范（HJ/T 81—2001）

1. 主题内容

本技术规范规定了畜禽养殖场的选址要求、场区布局与清粪工艺、畜禽粪便储存、污水处理、固体粪肥的处理利用、饲料和饲养管理、病死畜禽尸体处理与处置、污染物监测等污染防治的基本技术要求。

2. 技术原则

2.1　畜禽养殖场的建设应坚持农牧结合、种养平衡的原则，根据本场区土地（包括与其他法人签约承诺消纳本场区产生粪便污水的土地）对畜禽粪便的消纳能力，确定新建畜禽养殖场的养殖规模。

2.2　对于无相应消纳土地的养殖场，必须配套建立具有相应加工（处理）能力的粪便污水处理设施或处理（置）机制。

2.3　畜禽养殖场的设置应符合区域污染物排放总量控制要求。

3. 选址要求

3.1　禁止在下列区域内建设畜禽养殖场：

3.1.1 生活饮用水水源保护区、风景名胜区、自然保护区的核心区及缓冲区；

3.1.2 城市和城镇居民区，包括文教科研区、医疗区、商业区、工业区、游览区等人口集中地区；

3.1.3 县级人民政府依法划定的禁养区域；

3.1.4 国家或地方法律、法规规定需特殊保护的其他区域。

3.2 新建改建、扩建的畜禽养殖场选址应避开3.1规定的禁建区域。在禁建区域附近建设的，应设在3.1规定的禁建区域常年主导风向的下风向或侧风向处，场界与禁建区域边界的最小距离不得小于500米。

4. 场区布局与清粪工艺

4.1 新建、改建、扩建的畜禽养殖场应实现生产区、生活管理区的隔离，粪便污水处理设施和禽畜尸体焚烧炉；应设在养殖场的生产区、生活管理区的常年主导风向的下风向或侧风向处。

4.2 养殖场的排水系统应实行雨水和污水收集输送系统分离，在场区内外设置的污水收集输送系统，不得采取明沟布设。

4.3 新建、改建、扩建的畜禽养殖场应采取干法清粪工艺，采取有效措施将粪及时、单独清出，不可与尿、污水混合排出，并将产生的粪渣及时运至储存或处理场所，实现日产日清。采用水冲粪、水泡粪湿法清粪工艺的养殖场，要逐步改为干法清粪工艺。

5. 畜禽粪便的储存

5.1 畜禽养殖场产生的畜禽粪便应设置专门的贮存设施，其恶臭及污染物排放应符合《畜禽养殖业污染物排放标准》。

5.2 存设施的位置必须远离各类功能地表水体（距离不得

小于400米），并应设在养殖场生产及生活管理区的常年主导风向的下风向或侧风向处。

5.3 储存设施应采取有效的防渗处理工艺，防止畜禽粪便污染地下水。

5.4 对于种养结合的养殖场，畜禽粪便，储存设施的总容积不得低于当地农林作物生产用肥的最大间隔时间内本养殖场所产生粪便的总量。

5.5 储存设施应采取设置顶盖等防止降雨（水）进入的措施。

6. 污水的处理

6.1 畜禽养殖过程中产生的污水应坚持种养结合的原则，经无害化处理后尽量充分还田，实现污水资源化利用。

6.2 畜禽污水经治理后向环境中排放，应符合《畜禽养殖业污染物排放标准》的规定，有地方排放标准的应执行地方排放标准。

污水作为灌溉用水排入农田前，必须采取有效措施进行净化处理（包括机械的、物理的、化学的和生物学的），并须符合《农田灌溉水质标准》（GB 5084—92）的要求。

6.2.1 在畜禽养殖场与还田利用的农田之间应建立有效的污水输送网络，通过车载或管道形式将处理（置）后的污水输送至农田，要加强管理，严格控制污水输送沿途的弃、撒和跑、冒、滴、漏。

6.2.2 畜禽养殖场污水排入农田前必须进行预处理（采用格栅、厌氧、沉淀等工艺流程），并应配套设置田间储存池，以解决农田在非施肥期间的污水出路问题。田间储存池的总容积不得低于当地农林作物生产用肥的最大间隔时间内畜禽养殖场排放污水的总量。

6.3 对没有充足土地消纳污水的畜禽养殖场，可根据当地实际情况选用下列综合利用措施：

6.3.1 经过生物发酵后，可浓缩制成商品液体有机肥料。

6.3.2 进行沼气发酵，对沼渣、沼液应尽可能实现综合利用，同时要避免产生新的污染。沼渣及时清运至粪便储存场所；沼液尽可能进行还田利用，不能还田利用并需外排的要进行进一步净化处理，达到排放标准。

沼气发酵产物应符合《粪便无害化卫生标准》（GB 7959—87）。

6.3.3 制取其他生物能源或进行其他类型的资源回收综合利用，要避免二次污染，并应符合《畜禽养殖业污染物排放标准》的规定。

6.4 污水的净化处理应根据养殖种养、养殖规模、清粪方式和当地的自然地理条件，选择合理、适用的污水净化处理工艺和技术路线。尽可能采用自然生物处理的方法，达到回用标准或排放标准。

6.5 污水的消毒处理提倡采用非氯化的消毒措施，要注意防止产生二次污染物。

7. 固体粪肥的处理利用

7.1 土地利用

7.1.1 畜禽粪便必须经过无害化处理，并且须符合《粪便无害化卫生标准》后，才能进行土地利用，禁止未经处理的畜禽粪便直接施入农田。

7.1.2 经过处理的粪便作为土地的肥料或土壤调节剂来满足作物生长的需要，其用量不能超过作物当年生长所需养分的需求量。

在确定粪肥的最佳使用量时，需要对土壤肥力和粪肥肥效进行测试评价，并应符合当地环境容量的要求。

7.1.3 对高降雨区、坡地及沙质容易产生径流和渗透性较强的土壤，不适宜施用粪肥或粪肥使用量过高易使粪肥流失引起地表水或地下水污染时，应禁止或暂停使用粪肥。

7.2 对没有充足土地消纳利用粪肥的大中型畜禽养殖场和养殖小区，应建立集中处理畜禽粪便的有机肥厂或处理（置）机制。

7.2.1 固体粪肥的堆制可采用高温好氧发酵或其他适用技术和方法，以杀死其中的病原菌和蛔虫卵，缩短堆制时间，实现无害化。

7.2.2 高温好氧堆制法分自然堆制发酵法和机械强化发酵法，可根据本场的具体情况选用。

8. 饲料和饲养管理

8.1 畜禽养殖饲料应采用合理配方，如理想蛋白质体系等，提高蛋白质及其他营养的吸收效率，减少氮的排放量和粪的生产量。

8.2 提倡使用微生物制剂、酶制剂和植物提取液等活性物质，减少污染物排放和恶臭气体的产生。

8.3 养殖场场区、畜禽舍、器械等消毒应采用环境友好的消毒剂和消毒措施（包括紫外线、臭氧、双氧水等方法），防止产生氯代有机物及其他的二次污染物。

9. 病死畜禽尸体的处理与处置

9.1 病死畜禽尸体要及时处理，严禁随意丢弃，严禁出售或作为饲料再利用。

9.2 病死禽畜尸体处理应采用焚烧炉焚烧的方法，在养殖场比较集中的地区；应集中设置焚烧设施；同时，焚烧产生的烟气应采取有效的净化措施，防止烟尘、一氧化碳、恶臭等对周围大气环境的污染。

9.3　不具备焚烧条件的养殖场应设置两个以上安全填埋井，填埋井应为混凝土结构，深度大于2米，直径1米，井口加盖密封。进行填埋时，在每次投入畜禽尸体后，应覆盖一层厚度大于10厘米的熟石灰，井填满后，须用黏土填埋压实并封口。

10.　畜禽养殖场排放污染物的监测

10.1　畜禽养殖场应安装水表，对厨水实行计量管理。

10.2　畜禽养殖场每年应至少两次定期向当地环境保护行政主管部门报告污水处理设施和粪便处理设施的运行情况，提交排放污水、废气、恶臭以及粪肥的无害化指标的监测报告。

10.3　对粪便污水处理设施的水质应定期进行监测，确保达标排放。

10.4　排污口应设置国家环境保护总局统一规定的排污口标志。

11.　其他

养殖场防疫、化验等产生的危险废水和固体废弃物应按国家的有关规定进行处理。

五、畜禽产品消毒规范（GB/T 16569—1996）

1.　主题内容与适用范围

主题内容与适用范围本标准规定了畜禽产品一般的消毒技术。本标准适用于可疑污染畜禽病原微生物的上述产品及其包装物，野生动物、经济动物的同类产品参照本标准执行。

2.　环氧乙烷熏蒸消毒法

2.1　适用对象

可疑被炭疽杆菌、口蹄疫、沙门氏菌、布鲁氏菌污染的干皮张、毛、羽和绒。

2.2　方法

2.2.1　将皮捆或毛包，羽、绒包有序地堆放入消毒容器（塑料薄膜帐篷或大型金属消毒罐）中，码成垛形，但高度不超过2米，各行之间保持适当距离，以利于气体穿透和人员操作。

2.2.2　将装于布袋内的枯草芽孢杆菌4001株（简称"4001"，每片含菌1000万个）染菌片或化学指示袋（浪酚蓝指示剂）放入消毒容器不同位置的皮毛捆深部，同时安放入输药管道，并检查袋壁有无破损或裂缝，然后封口。

2.2.3　测量待消毒物体积，计算环氧乙烷用量。

2.2.4　按0.4～0.7千克/米³通入环氧乙烷气体，消毒48小时。此时应保持消毒室温度在25～40℃，相对湿度在30%～50%。

2.2.5　消毒结束后，打开封口，将篷口撑起通风1小时。

2.2.6　取出"4001"染菌片，放入营养肉汤，37℃下培养24小时，观察有无细菌生长；或观察化学指示袋是否由无色变为紫色，若无细菌生长或指示袋变为紫色，证明消毒效果良好。

3.　甲醛水溶液（福尔马林）熏蒸消毒法

3.1　适用对象

可疑污染一般病原微生物的干皮张、毛、羽和绒。

3.2　方法

同2.2条，但其消毒室总容积不超过10米³，消毒室温度应在50℃左右，湿度调节在70%～90%，按加热蒸发甲醛溶液80～300毫升/米³的量通入甲醛气体，消毒24小时。

4.　^{60}CO辐射消毒法

适用于可疑污染任何病原微生物的珍贵皮毛的消毒，剂量为

250拉德（rad）。

5. 过氧乙酸浸泡消毒法

5.1　适用对象

可疑污染任何病原微生物的畜禽的新鲜皮、盐湿皮、毛、羽、绒和骨、蹄、角。

5.2　方法

5.2.1　新鲜配制2%和0.3%过氧乙酸溶液。

5.2.2　将待消毒的皮、毛、羽、绒浸入2%溶液中，骨、蹄、角浸入0.3%溶液中浸泡30分钟，溶液须高于物品面10厘米。

5.2.3　捞出，用水冲洗后晾干。

6. 高压蒸煮消毒法

用于可疑污染炭疽杆菌、口蹄疫病毒、沙门氏菌、布鲁氏菌的骨、蹄和角。将骨、蹄、角放入高压锅内，蒸煮至骨脱胶或脱脂时止。

7. 甲醛水溶液浸泡消毒法

用于可疑污染一般病原微生物的骨、蹄和角。新鲜配制1%甲醛溶液，然后将骨、蹄和角放入该溶液中浸泡30小时，捞出，用水冲洗干净后晾干。

8. 过氧乙酸或煤酚皂（来苏儿）溶液喷洒消毒法

用于未消毒的骨、蹄和角的外包装或其他外包装。用新鲜配制的0.3%过氧乙酸溶液或3%煤酚皂溶液喷洒消毒，用量为0.5升/平方米。

参考文献

[1] 王新华，张兆敏主编.禽病检验.成都：四川科学技术出版社，1996.9.

[2] 胡建和等编著.畜禽消毒手册.北京：化学工业出版社，2011.10.

[3] 赵化民主编.畜禽养殖场消毒指南.北京：金盾出版社，2004.8.

[4] 魏刚才主编.鸡场疾病控制技术.北京：化学工业出版社，2006.9.

[5] 崔保安主编.养鸡用药指南.郑州：河南科学技术出版社，1992.10.

[6] 纪晔主编.养鸡防疫消毒指南.北京：中国农业出版社，2006.5.

[7] 石琳，姚勇芳.室内空气消毒方法研究进展.清远职业技术学院学报，2011（4）.